改革创新　试点先行
扎实推进以人为核心的新型城镇化

　　日前，中共中央政治局常委、国务院总理李克强主持召开推进新型城镇化建设试点工作座谈会并作重要讲话。他说，我国经济保持中高速增长、迈向中高端水平，必须用好新型城镇化这个强大引擎。新型城镇化是一个综合载体，不仅可以破解城乡二元结构、促进农业现代化、提高农民生产和收入水平，而且有助于扩大消费、拉动投资、催生新兴产业，释放更大的内需潜力，顶住下行压力，为中国经济平稳增长和持续发展增动能。必须认真贯彻中央城镇化工作会议精神，按照科学发展的要求，遵循规律，用改革的办法、创新的精神推进新型城镇化，促进"新四化"协同发展，取得新的突破。

　　我国各地情况差别较大、发展不平衡，推进新型城镇化要因地制宜、分类实施、试点先行。国家在新型城镇化综合试点方案中，确定省、市、县、镇不同层级、东中西不同区域共62个地方开展试点，并以中小城市和小城镇为重点。所有试点都要以改革为统领，按照中央统筹规划、地方为主、综合推进、重点突破的要求，紧紧围绕建立农业转移人口市民化成本分担机制、多元化可持续的投融资机制、推进城乡发展一体化、促进绿色低碳发展等重点，积极探索，积累经验，在实践中形成有效推进新型城镇化的体制机制和政策措施，充分发挥改革试点的"先遣队"作用。同时鼓励未列入试点地区主动有为，共同为推进新型城镇化作贡献。

　　李克强说，新型城镇化贵在突出"新"字、核心在写好"人"字，要以着力解决好"三个1亿人"问题为切入点。要公布实施差别化落户政策；探索实行转移支付同农业转移人口市民化挂钩；允许地方通过股权融资、项目融资、特许经营等方式吸引社会资本投入，拓宽融资渠道，提高城市基础设施承载能力；把进城农民纳入城镇住房和社会保障体系。要科学规划，创新保障房投融资机制和土地使用政策，更多吸引社会资金，加强公共配套设施建设，促进约1亿人居住的各类棚户区和城中村加快改造。要加快基础设施建设，在"十三五"时期重点向中西部倾斜；积极承接产业转移，在有条件的地方设立国家级产业转移示范区，鼓励东部产业园区在中西部开展共建、托管等连锁经营，以"业"兴"城"，做大做强中西部中小城市和县城，提升人口承载能力。

图书在版编目（CIP）数据

建造师 30 ／《建造师》 编委会编 . —北京：中国
建筑工业出版社，2014.9
ISBN 978-7-112-17273-3

Ⅰ . ①建 … Ⅱ . ①建 … Ⅲ . ①建筑工程—丛刊
Ⅳ . ① TU－55

中国版本图书馆 CIP 数据核字（2014）第 217007 号

主　编：李春敏
责任编辑：曾 威
特邀编辑：李 强 吴 迪

《建造师》编辑部
地址：北京百万庄中国建筑工业出版社
邮编：100037
电话：（010）58934848
传真：（010）58933025
E-mail：jzs_bjb@126.com

建造师 30

《建造师》编委会 编

*

中国建筑工业出版社 出版、发行（北京西郊百万庄）
各地新华书店、建筑书店经销
北京中恒基业印刷有限公司排版
北京同文印刷有限责任公司印刷

*

开本：787×1092 毫米 1/16 印张：8 $\frac{1}{4}$ 字数：270 千字
2014 年 9 月第一版 2014 年 9 月第一次印刷
定价：18.00 元

ISBN 978-7-112-17273-3
（26053）

CONT 目

录 NTS

本社书籍可通过以下联系方法购买：

本社地址：北京西郊百万庄

邮政编码：100037

邮购咨询电话：

（010）88369855 或 88369877

全球价值链对发展中国家分工利益影响及对策思考

刘 日 红

（商务部政策研究室，北京 100731）

进入 20 世纪以来，特别是 20 世纪 80 年代以来，不断发展的经济全球化极大地改变了国际分工和贸易格局，国际分工经历了由产业间分工到产业内分工、再到产品内分工的发展过程，相应地国际贸易在产业间贸易继续发展的同时，产业内、产品内贸易迅猛发展，跨国公司利用全球要素组织生产，形成了以各个国家、地区乃至具体企业的比较优势为节点的全球价值链。以全球价值链治理为特征的全球生产和贸易体系的构建，改变了传统贸易收支的内涵和贸易利益分配格局，对一个国家优化贸易结构、提升国际分工地位提出了新的要求。

一、全球价值链概念的提出

价值链（VC）的提法形成于 20 世纪 80 年代，原来是微观概念，指单个企业创造价值活动的集合。早在 1985 年，迈克尔·波特就在《竞争优势》一书中指出，价值链是在最终商品和劳务生产过程中，企业内部和企业之间发生的包括设计、生产、销售、售后服务等在内的种种活动的集合。所有这些活动可用一个价值链来表明[①]。按照波特的解释，企业的价值创造活动可以分为基本活动和辅助活动两类，基本活动包括生产、

销售、服务等；辅助活动则包括采购、研发、人力资源管理和企业基础设施等。这些相对独立但又相互联系的生产经营活动，在空间和时间上形成了一个创造价值的动态链接体系，也就是价值链。大量单个企业创造价值链的活动连接起来就构成了价值系统。由于价值链改变了企业的生产组织方式，因此企业参与市场竞争主要不是产业和产品的竞争，而是对整个价值链体系的影响力、整合力的竞争，企业在价值链中的相对位置决定了企业的竞争水平。

科特在《设计全球战略：比较与竞争的增值链》中认为，价值链是通过技术、原材料和劳动形成各种投入环节的过程，然后通过组装把这些环节结合起来形成最终商品，并通过市场交易完成价值循环。国家的比较优势决定了整个价值链条在国际间如何配置，企业的竞争能力决定了企业在价值链中所处的位置。斯特恩认为全球价值链包含三个要素：①组织规模。全球价值链应当包括参与特定产品或服务生产的所有企业；②地理分布。之所以称之为全球价值链必须具有全球性生产网络和组织规模；③主体构成。一个完整的价值链应当包括一体化企业、零售商、领导厂商、交钥匙供应

---

① 波特：《竞争优势》，中国财政经济出版社，1988 年，第 35~55 页。
② 转引自上海 WTO 事物咨询中心：《全球化下国际贸易价值链重估和统计方法改革研究》，商务部委托课题，2012 年 5 月，第 78~130 页。

商和零部件供应商等[②]。联合国工业发展组织在 2002–2003 年度工业发展报告《通过创新和学习参与竞争》(Competing Through Innovation and Learning) 中指出，全球价值链是指在全球范围内为实现商品或服务价值而连接生产、销售、回收处理等过程的全球性跨企业网络组织，包括所有参与生产销售活动的组织及价值利润分配。联合国工业发展组织的定义把价值链的概念从企业微观治理转变为全球生产组织方式的宏观描述。全球价值链概念的形成意味着国际分工和贸易利益格局的深化和调整。跨国公司不仅可以充分利用不同国家、不同区域的比较优势组织生产网络，而且还可以在相同产品的不同工序上实现最优化生产。这个时候，组织生产经营活动的各个分支机构的国别属性已经不重要，关键是各个分支机构在价值链中所处位置和在价值分割中所占比例。

从全球价值链的分类看，格里芬（1994）、亨德森（1998）认为全球价值链可以分为生产者驱动和采购者驱动两种模式。如图 1 所示，生产者驱动指生产者投资来推动市场需求，形成全球生产供应链的分工体系。

在生产者驱动价值链中，主要是拥有技术优势、发展全球生产布局的跨国公司。跨国公司通过全球性的市场网络，把商品、服务销售、外包和海外投资等生产经营环节联系起来，最终形成由跨国公司母公司主导的全球性生产销售体系。一般资本和技术密集型产业，比如汽车、飞机、电脑、电器等，大多属于生产者驱动型价值链。在这类价值链中，大型跨国公司特别是母公司发挥着主导作用。采购者驱动指拥有品牌优势和国内销售渠道的跨国企业，通过全球采购和贴牌加工等生产方式，组织跨国商品流通网络。一般消费品和劳动密集型产业，如服装、玩具、家具等大多属于这种价值链，这类价值链一般由跨国公司的大型流通企业主导，发展中国家企业大多参与这种类型的价值链，承担这类价值链生产制造环节（图 2）。

国内学者张辉从动力根源、核心能力、进入门槛、产业分类、典型产业部门、制造企业、产业联系、产业结构和辅助支撑体系等九个方面对生产者和采购者驱动型全球价值链进行了比较研究（表 3）。

全球价值链的驱动力不同，决定了价值链

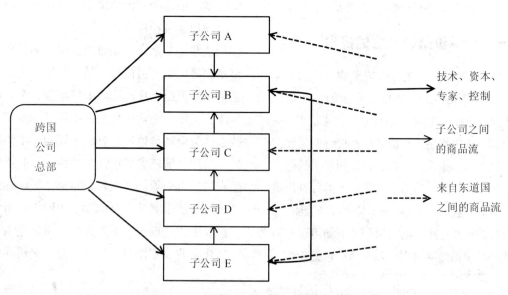

图 1　生产者驱动型全球价值链示意图

资料来源：Henderson，J.:Danger and opportunity in the Asia-Pacific，1998

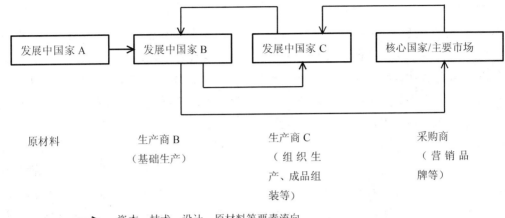

→：资本、技术、设计、原材料等要素流向

图2 采购者驱动型全球价值链示意图

资料来源：Henderson，J.: Danger and opportunity in the Asia-Pacific，1998

生产者和采购者驱动型全球价值链比较 表1

项目	生产者驱动的价值链	采购者驱动的价值链
动力根源	产业资本	商业资本
核心能力	研发（R&D）、生产能力	设计、市场营销
进入门槛	规模经济	范围经济
产业分类	耐用消费品、中间品、资本品	非耐用消费品
典型产业部门	汽车、计算机、航空器等	服装、鞋类、玩具等
制造企业的业主	跨国企业，主要位于发达国家	地方企业，主要在发展中国家
主要产业联系	以投资为主线	以贸易为主线
主要产业结构	垂直一体化	水平一体化
辅助支撑体系	重硬件，轻软件	重软件，轻硬件
典型案例	波音、丰田、海尔、格兰仕等	沃尔玛、国美、耐克、戴尔等

资料来源：转引自上海WTO事务咨询中心：《全球化下国际贸易价值链重估和统计方法改革研究》，2012年5月，第87页

的核心能力不同。一个国家要发展某一个产业时，关键是根据该产业价值链的组织模式去选择最优竞争力的环节，才能在全球价值链中占据主导地位。比如，如果该国参与的是生产者驱动的全球价值链，那么就要增强核心产品和部件的生产能力，形成以本国产业为核心的价值链条；如果是参与的采购者驱动的全球价值链，在产业战略上就要突出设计和市场营销环节，来获取范围经济等方面的竞争优势。但无论是生产者驱动还是采购型驱动价值链，共同特征是发达国家母公司都处于价值链的核心地位，掌握着价值链的组织、实施和分布，从而也获取了最主要的利润，发展中国家企业只能参与部分价值分配，很难进入价值链核心层次。

二、全球价值链的形成

全球价值链的形成是人类社会经济活动不断发展的结果。生产和消费是人类经济活动的两个基本方面，国际贸易把不同地区的生产和消费活动连接起来，使消费者可以消费本地区以外的产品。但是商品交换半径的大小，取决于运输和物流发达程度。在工业革命前，由于运输条件不发达，大多数商品的生产和分工仍然局限在本地区范围内。工业革命后，随着铁路和蒸汽船的出现，生产和消费活动在地理疆域上开始分离，这使得亚当·斯密的"分工"真正成为现实。进入 20 世纪 90 年代，信息技术革命的出现和政治体制障碍的突破，开辟了全球制造的道路。美国作家托马斯·弗里德曼曾经指出，柏林墙倒塌与 Windows 操作系统的出现、浏览器的发明与互联网的形成、工作流软件的发达——这三大动力让世界变平了[1]。而不断发展的全球运输网络和通讯基础设施，使跨国公司可以跨越大洲、大洋的阻隔，对公司经营活动进行远距离的管理和协调，跨国公司活动直接推动生产内部、生产和消费活动之间的分离，带动了生产过程的分工和生产布局的分散化。自 19 世纪以来形成的制造业完整生产模式，逐渐被专门负责生产具体服务或阶段的专业化供应商所代替。理查德·鲍德温（Richard Baldwin）认为新的大分工将生产过程"切分"成单独部分，可以分散在全球范围内进行。普林斯顿大学经济学家吉恩·格罗斯曼（Gene Grossman）、伊斯特班·罗西－汉斯伯格（Esteban Rossi-Hansberg）将此定义为"任务贸易"，即：各国不再单纯出口最终产品，而是更倾向于专门负责生产过程的特定环节，全球价值链作为新商业模式开始诞生[2]。

具体来讲，全球价值链形成主要有以下背景。

（一）日渐便利的基础设施服务是全球价值链形成的前提条件

基础设施服务包括运输、电信、金融、保险等，基础设施的日渐发达，为企业在全球组织要素进行生产和销售提供了便利。比如在海运方面，根据国际海运联盟秘书处（Marisec）统计，如果按照重量计算，约 90% 的世界贸易是由国际海运承担的。据 Marisec 估算，目前全球约有 5 万多艘船舶在参与国际贸易，全球船队在 150 多个国家注册，雇佣海员超过 100 万人[3]。2009 年，全球集装箱吞吐量最大的 10 个港口中，5 个位于中国[4]。2000 年至 2008 年期间，中国集装箱吞吐量年均增长达到 14%。同时，航空运输的发达，也对单位重量小、价值高的货物和部件运输提供了便利条件。根据国际空运协会（IATA）统计，全球商品贸易额的 35% 是通过航空方式运输的，空运行业年收入达到 600 亿美元[5]。1990 年到 2008 年，世界空运量翻了一番，由 560 亿吨公里增加到近 1250 亿吨公里。同期，中国占全球空运货物量的份额由 1% 大幅增加到 9%。如果说海运、空运为货物的快速周转创造了条件，那么发达的通讯设备则为全球价值链的组织和管理提供了可能。通过即时通讯联系，生产商和采购商可以迅速采集销售市场信息，做出及时对策处理，全球价值链各个参与方被紧密地整合在一起，使知识、信息、技术能够迅速传播和扩散。根据世界银行商业经营数据库数据，2003 年到 2009 年，中国、中国香港、印度、印度尼西亚、菲律宾

① [美]托马斯·弗里德曼：《世界是平的：21 世纪简史》，何帆等译，湖南科学技术出版社，2009 年，第 42~66 页。
② 世界贸易组织、日本亚洲经济研究所：《东亚贸易模式与全球价值链：从货物贸易到任务贸易》，中国商务出版社 2012 年 9 月第 1 版，第 4 页。
③ 参见 http://www.marisec.org/shippingfacts/worldtrade。
④ 参见 http://www.internationgsportforum.org/。
⑤ 参见 http://www.iata.org/。

和泰国在通讯技术方面的支出都增长了一倍多，这反映了这些经济体深度参与全球价值链创造的现实。

（二）跨国公司对利润的最大化追求为全球价值链的产生提供了深厚动力

全球生产网络的产生和发展本质上是跨国公司利用全球要素资源，在多国或多区域实行高度专业化分工，最大限度追求全球资源整合效率的结果。起初，跨国公司倾向于在多个国家投资办厂进行生产，生产产品也主要面向东道国市场销售，每个子公司分别和母公司保持联系，各个分公司之间的联系相对薄弱。随着现代技术的发展和区域经济合作的加强，跨国协调成本和物流成本大幅度下降，跨国公司生产组织模式开始发生变化，由以前的母公司控制各个相对独立的分公司的组织模式，向母公司、子公司和子公司之间的立体化组织模式转变。其中一个重要的推动因素是生产模块化的发展（"模块化"是指跨国公司将生产制造过程分解为一些功能和结构相互独立的标准模块，然后按照产品生产的特定需求对这些标准模块进行组装，最后完成产品生产），使得越来越多的跨国公司可以将经营重点集中在利润水平最高的上游和下游环节，而将收益低的中间环节，比如制造、加工装配等转移到发展中国家。

（三）各个经济体日趋开放的经济政策为全球价值链的形成提供了制度保障

全球价值链生产要求市场的微观主体——企业真正自主经营。企业能够根据自身经营和发展的需要，在成本最低的地方生产，在利润最高的地方销售。这必然要求各国政府尽量减少对企业经营活动的行政干预，努力为企业创造公平竞争的市场环境。但二次世界大战结束以后的几十年里，无论在发达国家还是发展中国家，由于政治意识形态的隔阂，造成了市场机制作用的发挥受到了不同程度的抑制。冷战结束为国与国之间的经济往来创造了比较宽松

的国际政治和社会环境，以中国、苏联、东欧国家为代表，各国都相继不同程度地走上了市场化改革道路，越来越多的国家对参与全球分工和贸易采取了积极态度。世界贸易组织作为管理全球贸易和投资最具代表性的多边机构，通过法律的形式进行多边管理，对各国形成了约束，极大地推进了全球贸易投资自由化进程。目前在世界贸易组织160个成员中，112个成员对至少占总税目数90%的产品实施了"约束"关税。与2001年相比，亚洲主要国家都显著降低了关税水平。其中，中国、印度和越南是关税总体水平下降幅度最大的国家，同时也是贸易增长最快的国家。

在多边贸易体制对全球贸易投资保护形成约束的同时，不断发展的区域经济合作也为世界各国深度参与全球价值链提供了便利。2001年以来，在世贸组织多哈回合谈判久拖不决的情况下，全球区域合作步伐明显加快。根据世界贸易组织统计，自世贸组织成立以来，全球新签署的自贸协议一共有212个，其中90%是2001年以后出现的。主要发达国家都把发展自贸区作为对外经济合作的主要方向。美国在奥巴马政府上台后，大力实施"重返亚洲"战略，全力在亚太地区建立跨太平洋伙伴关系协定（TPP）。欧盟在深化域内经济合作的同时，也正在加紧推进与美国的跨大西洋贸易投资伙伴关系协定（TTIP）。在大国当中，2012年美国、日本、韩国、印度与自贸伙伴的贸易额分别占到对外贸易总额的40%、36.5%、61.1%和58.4%。在亚洲地区，除了东盟自贸区外，东盟国家分别通过三个"10+1"与中国、日本、韩国都签署了自贸协定。大多数亚洲国家都至少是一个自贸协定的成员，其中新加坡签署了18个区域贸易协定，印度尼西亚、马来西亚、菲律宾、泰国和越南除了是东盟自贸区的成员外，各自对外签署的自贸协定都在6个以上。

除了多边贸易体制和区域合作提供的框架

保障外，还能反映亚洲区域分工深化的是贸易成本的变化。世界银行商业经营数据库（Doing Business Database）分析了进出口环节需要的文件、时间以及成本，并根据开展对外贸易的便利化程度对世界主要国家进行了比较。结果显示，2010年在参与排名的183个经济体当中，新加坡和香港在商业和贸易便利化程度方面分别位居第一位和第二位。在出口成本①方面，马来西亚、新加坡和中国是成本最低的经济体。在进口方面，新加坡和马来西亚是成本最低的经济体，中国位列第四位。贸易成本的下降无疑会降低跨国组织生产的成本，对提升零部件跨国流动效率具有非常大的促进作用。

（四）不断发展的国际产业梯度转移为全球价值链形成提供了物质基础

所谓国际产业转移，是指在经济全球化条件下，以跨国公司为驱动力的产业在不同国家和地区之间的重新组织过程。一般意义上，国际产业转移主要是发达国家或地区的跨国公司通过国际直接投资，将本国不具有比较优势的产业（主要是制造业或劳动密集型产业）转移到欠发达国家或地区。在1950年代到1980年代，国际产业转移主要以初级产品加工为主，并且主要是由发达国家向发展中国家的单向转移。进入1990年代以后，国际产业转移开始由一般加工工业向高附加值工业、普通制造业向服务业转移，其中服务业中的金融、咨询、计算机等现代服务业和技术、知识密集型产业成为带动国际产业转移的主导力量。新世纪的国际产业转移不仅包括产品生产层次的搬迁和转移，更为重要的是产业价值链中的不同生产环节在全球重新布局。具体表现在：一是发达国家跨国公司之间的相互交叉投资、并购、整合；二

是发达国家把不同产业向发展中国家转移。跨国公司母国侧重于产品标准的制定，关键技术、核心业务的掌握及产品最终价值的实现，而部分生产和服务环节则以委托加工等方式转移出去，产生新型外包加工，形成全球性生产网络。

亚洲逐渐成为全球性制造中心，是与亚洲国家发展水平的梯次分布和产业转移的渐次进行密切相关的。第一次大的梯度转移可以追溯到1985年的"广场协议"。在1985年"广场协议"签订前夕，日元兑美元汇率为1:240，1992年升至1:120，7年间升值一倍，这意味着同期以美元计价的外部资产降价一半，这直接驱动了日本制造业对外转移。1997年亚洲金融危机的爆发，使东亚新兴经济体放弃了将本国货币盯住美元的汇率制度，造成本国货币大幅贬值，伴随的是发展制造业和鼓励出口，增加外汇储备。2001年中国加入世贸组织，使中国迅速跃升为"世界工厂"。从外国投资流入量来看，自20世纪80年代中期以后，流入亚洲的外国直接投资呈现快速发展的趋势。20世纪80年代中期亚洲每年吸引的外国直接投资只有50亿美元，1990年增长到230亿美元，2008年达到3070亿美元。自1995年以后，亚洲占全球外国直接投资总流入量的比重始终保持在20%左右的水平。

从亚洲-美国的供应链结构看，1985年亚洲区域构成生产网络的只有4个国家，分别是印度尼西亚、日本、马来西亚和新加坡。主要循环模式是日本自印度尼西亚、马来西亚等资源丰富的国家进口资源，在日本国内制造成品，然后向欧洲和美国出口。1990年以后，日本将区域供应链扩展到韩国、中国台湾和泰国。日本继续依赖印度尼西亚和马来西亚供应

---

① 根据世界银行商业经营数据库的解释，成本计算是以美元计算的20英尺标准箱的收费金额。所有与完成货物进口或出口有关的程序都包括在内，包括文件成本、海关清关、技术检测、海关中介、码头装卸以及内陆运输等费用。见 http:// doingbusiness.org/。

生产性资源，但同时把部分家电、汽车产品的最终组装环节转移到"四小龙"等新兴经济体，日本国内向这些新兴经济体提供零部件等产品。1995 年以后，美国开始加入亚洲供应链。2001 年以后，中国成为中间产品核心市场，形成了"经由中国的三极贸易"，最终消费品在中国生产并销往美国和欧洲国家。从产业联系的厚度和长度看，以中国为核心的供应链是高度分散化和复杂化的，包含了其他参与国数量可观的增加值。因此，"中国出口所具备的竞争力，不仅归因于其廉价劳动力，而且还源自其从其他东亚国家接受的复杂中间产品，这些中间关键产品最终体现在标有'中国制造'的商品中"①。

三、全球价值链对发展中国家国际分工利益的影响

传统上，发展中国家通过参与国际分工，开展加工贸易，可以扩大商品出口，增加本国无法生产的商品进口，从而促进技术进步、经济增长和人民生活水平的提高。比如，中国从 20 世纪 90 年代开始走的就是这种路子。但是在全球价值链模式下，由于要素的跨国界流动和使用，贸易分工利益的内涵和分配方式发生了变化，使发展中国家在贸易分工利益分配上面临新的课题。

（一）价值链分工更有利于发达国家跨国公司充分使用发展中国家生产要素，使发展中国家面临"劳动力成本陷阱"风险

全球价值链发展的内在动力仍然来自比较成本的差异，但是比较优势的内涵在这里发生了很大变化：传统贸易理论认为出口产品结构是出口国比较优势的体现，技术和资本密集型国家出口技术资本密集型产品，劳动力禀赋丰富的国家出口劳动密集型产品，产品出口结构与本国要素禀赋结构相对应。由于要素在国际间不流动，贸易所得就是要素所得，也是要素所在国所得。但不断发展的全球价值链改变了出口结构和要素禀赋的对应关系。在全球价值链生产模式中，由于国际分工细化到了产品内和工序层次，一件最终产品的形成包含大量中间环节增值和零部件的往复流动，这使得出口产品结构不仅体现本国的比较优势，同时也体现参与全球价值链分工的其他国家的比较优势，是不同国家、不同地区比较优势的集合，是比较优势运用的极大化。因此，看一个国家在国际分工和国际贸易利益分配中的地位，不能仅仅看这个国家的出口产品结构，更要看这个国家在产品工序分工中所处的位置。

由于发达国家跨国公司是全球价值链的发起者和引领者，跨国公司通过利用全球不断相互融合的大市场，在全球范围组织生产要素进行生产、销售，通过对同种产品部件和工序进行分解，使各个国家和区域被整合到全球生产网络中。很大程度上，是跨国公司的行为推动了价值链的形成，同时跨国公司自身的利益目标、战略取向、经营能力决定了全球价值链各个节点的构成、分布以及利益水平。由于在这种网格状的生产和销售体系中，往往一个国家的生产同时又包含着另一个国家的贡献，因此贸易利益分配的主体主要是参与国际分工的企业。跨国企业的多寡、竞争水平的高低，决定了一个国家在全球价值链中能够获得贸易利益的多少。由于跨国公司的微观决策是从利益最大化角度出发的，现实中往往与国家的宏观利益目标不一致，有时候甚至会出现较大背离。

在价值链分工模式中，发达国家相对稀缺的是劳动力成本要素，发展中国家相对稀缺的

---

① 世界贸易组织、日本亚洲经济研究所：《东亚贸易模式与全球价值链：从货物贸易到任务贸易》，中国商务出版社 2012 年 9 月第 1 版，第 79 页。

是资本和技术要素。通过跨国公司全球分布式生产，发展中国家企业和发达国家企业都在成本没有上升的情况下扩大了相对稀缺要素的使用量，由此产生了剩余，提高了福利总量。但是也要看到，这只是一种比较理想化的情形。实践中，由于发达国家跨国公司掌握着全球价值链的主导权，如何生产、在哪里生产、在哪里消费都是由跨国公司说了算。跨国公司借助技术、资本和渠道力量，可以很方便地整合发展中国家较为充裕的劳动力要素，将产品中的劳动密集型工序转移到发展中国家，降低产品生产成本，分享发展中国家的人口红利。但是，发展中国家受制于技术、资本和管理能力限制，很难将产品生产中的技术、资本密集型环节转移到发达国家，使用发达国家较为先进的生产要素。曹明福、李树民[1] 总结出了跨国公司规避东道国义务的三种情况：一是价格倾斜。发达国家在把技术、资本密集型价值链和发展中国家劳动密集型价值链进行交换时，可能违背竞争均衡原则，以高于市场定价的方式获得超额利益。二是价格转移。发达国家跨国公司通过低买高卖等内部交易方式规避东道国税收管制，使交易价格不服从市场规则而服从自身利益最大化需要。三是价值链单向转移。理论上，在全球价值链中，发达国家专业化生产技术、资本密集型工序，发展中国家专业化生产劳动密集型工序，但实际情形往往是发展中国家既生产本国劳动密集型产品，也生产发达国家跨国公司的劳动密集型工序。

对发展中国家来说，在本国劳动密集型产品生产和参与跨国公司劳动密集型环节"双重转移"的情况下，劳动力将加快从农村向城市转移，这将对发展中国家经济发展带来比较复杂的影响：一方面，随着劳动力要素的密集使用，会加快发展中国家农村剩余劳动力向外转移的

速度，客观上会提升工业化、城镇化进程。但另一方面，当劳动力密集使用逐渐接近临界点时（即"刘易斯拐点"），发展中国家劳动力成本将出现上升，在劳动密集型产品生产上逐渐丧失比较优势。此时，发展中国家参与国际分工面临两种可能性：一是实现价值链动态升级。基本路径是通过大力发展海外投资等，将不具有比较优势的生产环节转移到成本更低的发展中国家，同时通过并购发达国家品牌、技术、引进智力要素资源等手段，实现在全球价值链中的动态爬升。二是遭遇劳动力成本陷阱。既有的劳动力成本优势开始减弱，新的技术、知识等竞争优势又没有形成，经济增长出现断裂。能否顺利实现产业升级和价值链攀升，还取决于发展中国家政府的战略判断、政策导向和管理水平。这使得发展中国家在全球价值链中面临不确定的未来。

（二）发展中国家和发达国家在贸易利益分配中的地位不对等，发达国家通过技术垄断获得"经济租金"，发展中国家获得完全竞争条件下的平均报酬

"经济租金"是生产要素所有者凭借垄断地位所获收入中超过要素机会成本的剩余，是超过社会平均收益水平的额外利润。经济租金的耗散主要通过市场竞争。在自由竞争条件下，经济租金的存在必然吸引生产要素流入经济租水平较高的产业，增加该产业供给，压低产品价格。如果不存在规模收益递增，要素的自由流动最终会使得要素在该产业中的收入和在其他产业中的收入相等。按照一般均衡理论，只要市场是自由竞争的，要素在各产业之间的流动不受阻碍，任何要素在任何产业中的经济租金都不可能长久稳定地存在。全球价值链中的经济租金也存在同样情况。跨国公司已经得到的经济租金会由于进入壁垒被突破而逐渐消失；

---

[1] 曹明福、李树民：《全球价值链分工：从国家比较优势到世界比较优势》，《世界经济研究》2006年第11期。

同时，随着新的研发投入和新产品上市，新的经济租还会不断产生出来。经济租随着竞争性加强、进入障碍降低而减小，最终以低价或高质形式转化为消费者剩余。

技术和价格垄断是全球价值链中经济租金产生的重要根源。在全球化背景下，国家、企业参与价值链分工的主要动机，就是获得各种各样的经济租金，而不是完全竞争条件下的要素回报。发达国家跨国公司的母公司控制着产品在全球范围内的制造工序和服务工序，根据不同产品生命周期和产品的技术特征，寻找最适合产品生产环节的国家和地区，通过业务分包和组织，在全球范围内选择不同的中间供应商和组装供应商。由于跨国公司母公司控制了产品的设计、开发和销售定价权，因而也决定了产品销售利润在不同供应商之间的分配。与此相对应，广大发展中国家及其企业一般在全球价值链中充当原材料供应或各种类型的代工工厂。这个过程不是简单的产品周期衰退和产业在时空上的前后接续过程，而是在水平面上多个网络节点的平行分布，不同发展水平的国家围绕一个完整的产品价值链链条，各司其职、同时生产，并根据对应的市场结构不同，获得不同水平的经济租金。

处于经济租金第一层次的，是美国这样的核心发达国家，在美国的跨国企业（比如苹果公司）推出新产品阶段，由于技术门槛高，产品面对的是垄断市场结构，此时对应的经济租金水平也最高。在经济租金的第二层次，主要由其他发达国家提供关键零部件配套（德国、日本等），属于寡头垄断市场。在第三层次，则主要由部分国家和地区（韩国、台湾等）提供零部件配套，此时处于垄断竞争市场，产品具有差别性，但替代性较强，相应经济租金水平也低。在第四层次，主要是普通发展中国家（比如中国），处于完全竞争市场结构，获得平均要素收入，没有经济租金。

获得经济租金水平的高低，主要取决于对知识、技术、人力资本等先进生产要素的垄断能力。在价值链多个价值节点当中，要素投入结构的不同决定了分享价值水平的不同，其中知识、创意、管理等无形资本投入占据价值链高端，机器、设备和劳动力要素投入承担低端的加工组装。越是靠近价值链微笑曲线两端，对应的人力资本水平越高；越是靠近价值链微笑曲线中央，人力资本水平也越低。这样，决定价值链位置和分配能力的，不是生产、组装等"看得见"的环节，而是知识、创意等"看不见"的环节。在价值链模式中，由于发达国家将大量技术和资本密集型产品中的劳动密集型环节转移到发展中国家，造成了发展中国家商品出口结构与要素禀赋结构并不一致，表面上看发展中国家向发达国家出口大量资本密集型产品，似乎在贸易利益分配中占据了十分有利的位置，但这并不是完全真实的情景。由于发展中国家主要依靠劳动力成本参与价值链分工，知识、创意和人力资本比较匮乏，实际上获得的仍然是这些产品劳动密集型工序的正常劳动报酬。价值链分工由于对知识人力资本的高依赖性，使得劳动力等传统要素成本优势所占地位下降，部分抵消了发展中国家劳动力充裕的比较优势，反过来也凸显了发展中国家在经济增长中要高度重视人力资本积累的重要意义。

（三）价值链分工掩盖了国际分工真相，夸大了作为最终组装国的发展中国家在全球分工体系中的位置，也使得通过汇率调节贸易平衡的手段失效

在价值链分工中，出口产品的各个零部件在多个国家配套，在最终组装国完成生产，并销往全球市场。由于许多国家只参加生产过程的一段，但在贸易行为上却有可能表现的是整个产品的交换。特别是那些位于价值链末端的最终组装国，出口产品是多个国家或地区共同创造的产物，但在出口统计上均被看作是最终组装国生产的产品，这很容易掩盖最终组装国出口产品结构的真相，夸大了最终组装国在国际分工中的位置和作用。

对发达国家来说，那些越具有高技术水平的产品，越需要依据不同地区比较优势进行细分，因而也对全球价值链生产需求越大。这样，越是高新技术产品，越是倾向于把组装环节向人力成本较低的发展中国家转移，于是就形成了国际贸易中"反比较优势"的现象：一些发展中国家和地区高技术产品出口比重不断提高，出口结构和产业结构与发达国家十分相似，产业结构向高端升级的趋势明显。然而，真实情况是，发展中国家和地区的高技术产品生产只是该产品生产的某一环节，而且往往是最没有技术含量的简单组装环节，只不过是产品的最后组装是在这些国家和地区，因此出口时统计为高技术产品。在这种情况下，发展中国家、特别是那些具有丰富人力资源和配套优势的发展中国家国际分工地位特别容易被误读。美国学者王直曾根据贸易中的增加值含量，对主要国家的金属制品的显性比较优势指数进行了重新核算。中国是工业制成品大国，在金属制品的显性比较优势指数排名中列世界第1位，但由于中国工业品出口中包含大量其他国家的增加值，因此按照出口中的增加值核算的中国显性比较优势指数则下降到世界第7位。相反，美国出口当中包含其他国家的增加值较少，则从第10位上升到第3位。

特别要看到，价值链改变了贸易收支的含义，如果仅仅通过顺差或逆差来判断一个国家的出口竞争水平，会产生很大的误导。在一般人看来，贸易顺差有多少，就意味着从对外贸易中"赚"到了多少；贸易逆差多，就表明这个国家在国际贸易中受到了不公正待遇。最后，这成为逆差国逼迫顺差国货币升值、调节贸易失衡的理由。然而在价值链分工中，有以下几个因素导致出口国对于汇率变化的敏感度降低。

一是出口产品中包含大量第三方增加值。出口商品既是出口国投入产出的结果，同时也是进口产品的投入转化过程，出口水平不仅取决于国内各部门价格相对变化和要素投入水平，也取决于在何种程度上能够从国外获取技术和中间投入品，从而使得出口价格对于汇率变化的传递性和敏感度明显减弱。设想一国对外贸易百分百属于价值链贸易形式，如果该国在最终出口产品中来自本国的增加值含量为50%，这意味着该国货币升值对于国内要素价格的传递效应中有50%被抵消。

二是跨国公司内部核算。跨国公司基于利益最大化原则，将价值链切分到不同国家或地区生产，这使得跨国公司可以通过操作母公司和子公司之间零部件采购价格，将东道国汇率变化带来的价格调整内部化，从而规避汇率变化带来的损失。比如，当东道国货币升值时，跨国公司在东道国组装成本上升，但同时自国外采购零部件成本降低。跨国公司完全可以通过降低出口价格、抬高采购价格的方式，保持账面盈利额度不变。这将使汇率变化对于贸易收支的影响大幅减弱。

三是汇率变化无法影响到终端售价。价值链之所以称之为"链"，其核心就是将价值形成过程大幅度延长，拓展了价值来源。在价值链分工中，产品在出口后并不是价值形成的结束，而是价值继续扩大的过程。当发达国家把最终产品从发展中国家进口到本国后，还要进行后期包装、营销、策略定价、嵌入内容服务等大量增值环节，这使得产品在发展中国家出口的离岸价格要远远低于在发达国家国内的零售价格。如果东道国本币相对于进口国货币升值，假定这种升值造成的价格上升压力全部由进口国承担，但由于出口价格本身在零售价格中只占很小的部分，最终传递到零售价格上的变动将是微乎其微的。跨国公司通过各个价值环节的重新组合调整，完全可以消化掉最终组装国货币升值的影响，从而对进口国贸易收支也起不到改善作用。

这样，价值链分工就改变了贸易收支的基本含义。对最终组装国来说，由于承担了进口加工组装、然后再出口成品的增值环节，在贸易收支上必然表现为顺差，这是最终组装国能够在全球分工中获益的最低条件。只有顺差的存在，才能表明最终组装国在产品中形成了本国的价值，从而使进口和出口之间形成了价值差，这个价值差额就是贸易顺差。换句话说，加工项下的顺差是最终组装国劳动力参与国际分工的最基本报酬。如果这个顺差不存在了，那么意味着最终组装国在价值链分工中没有获益，甚至有可能陷入福利和资源净输出的"贫困化增长"状态。从这个意义上说，最终组装国贸易收支保持顺差不仅是必要的，而且是必须的。这个顺差不是传统意义上产品竞争力的体现，而只是部分要素（主要是劳动力要素）价格优势的体现，是国际分工中获得的"正常收益"，而不是重商主义"低买高卖"的"超额回报"。

对掌握价值链布局的发达国家来说，贸易收支问题也需要重新认识。发达国家由于最终要将部分产品进口到国内消费，因此单就组装国和进口国的关系看，进口国贸易收支也一定是"逆差"的，这和最终组装国"顺差"是同样的道理。但是，发达国家进口全球价值链产品形成的"逆差"只具有统计意义，而不具备真实的经济含义。由于价值链的两个高端位置都掌握在发达国家手里，逆差并不表明发达国家利益受损。发达国家一方面通过对设计、品牌、营销的垄断获得超额利润，另一方面又通过利用发展中国家劳动力成本获得剩余转移利益。从这个意义上说，逆差是占据价值链高端的必然体现。恰恰是逆差体现了发达国家对于贸易链条的控制力，表明发达国家处于全球分工的有利位置，这和传统中理解的"顺差"才

意味着获得更多贸易利益的概念完全不同。

现在我们再来考虑最终组装国货币升值的影响。一般来讲，作为最终组装国的发展中国家的出口产品结构分为两个部分：一部分是全球价值链产品，具体形态上主要是电子、音像等机电产品和高科技产品，但实际上最终组装国在这些产品中只是贡献了劳动力要素，很少贡献技术、知识、创意、营销等高端要素。另一部分是发展中国家自己的比较优势产品，具体形态上主要是劳动密集型产品，也包括部分自主品牌的机械、电子产品。在贸易方式上，前者一般表现为加工贸易，后者表现为一般贸易。由于本国参与价值链生产的深度不同，这两类产品对本币升值的弹性是不同的。一般贸易产品由于绝大多数价值环节都在国内，对汇率的弹性明显要大于加工贸易。如果最终组装国货币针对进口国货币出现升值，我们前面讲到，一般意义上的升值无法改变加工贸易顺差，但是最有可能改变一般贸易的贸易收支状况，甚至使得一般贸易出现逆差。最终在总体贸易收支上是逆差还是顺差，取决于两种贸易方式的综合变化情况。实际情形可能是，总体贸易收支依然保持顺差，但一般贸易出现逆差。从这个意义上说，最终组装国本币升值不会改变进口国贸易收支情况，也不会改变进口国分享的贸易利益，但却对最终组装国贸易利益带来损害。在政策层面上，这是最终组装国面临的特别不利的情形。

四、提升国际分工利益的对策思考

以价值链分工为特征的经济全球化是世界经济发展的必然趋势，发展中国家要实现经济增长，必须积极投身到经济全球化进程中，除此之外别无选择。但同时也要清醒地认识到，跨国公司推动全球价值链重组，不是以推动发展中国家经济增长为目的，而是跨国公司追求利润最大化的结果，发展中国家从中获得的经

济增长好处是一种伴随效应和溢出效应。我国作为世界第一货物贸易大国，作为深度参与价值链分工的发展中国家，能否顺应全球价值链发展演变，用好跨国公司全球产业布局的机遇，加快转变对外贸易发展方式，不断提升出口产品质量和档次，为经济发展提供稳定的外部需求支撑，是当前需要解决的重大课题。

（一）加快结构改革步伐，积极参与全球价值链分工红利

一是通过改善要素质量培育产业升级动力。出口产品结构的背后是产业结构，产业结构的背后是要素结构和质量。衡量一个国家在全球价值链中的位置层次，主要取决于技术、创意等看不见的环节。在这些环节占据位置越高，价值链条越长，获得的利益也越多。而技术、创意环节是人力资本积累的必然结果。提升我国在全球价值链的增值能力，优化出口产品结构，从根源上看要从改善我国要素投入结构入手，大力发展素质教育和技能教育，逐步把庞大的人口优势转化为人力资本优势，为产业升级提供源源不断的人才支撑。

二是通过放宽外资准入承接更多高端要素。价值链模式对东道国的带动作用主要体现在竞争效应和溢出效应。因此，要实现在价值链分工中的爬升，延长价值链条，必须保证资本自由、合理流动。多年来，我国采取逐案审批和产业指导目录的外资管理模式，同时在一些领域对内外资企业实行不同的法律法规。这种管理模式的好处是产业导向比较突出，弊端是容易导致各类投资主体的不平等，影响竞争效应的发挥。随着十八届三中全会部署的各项改革任务逐步推进，我国外商管理体制要逐渐从事前审批向事中、事后监管转变。要适应国际资本流动的新趋势，鼓励跨国公司在华设立地区总部、研发中心、采购中心、财务管理中心等功能性机构，鼓励外资投向科技中介、创新孵化器、生产力中心、技术交易市场等公共科技服务平台，大力引进技术研发和经营管理人才，提升利用外资综合溢出效应，带动国内产业升级和出口结构改善。

三是通过对外投资实现价值链国际布局。当前，我国部分劳动密集型产业和成熟制造业开始向外转移，要坚持以优化产业结构为主线，以对外投资管理体制改革为手段，以巩固、提升产业国际竞争力为出发点，推进对外投资便利化，鼓励沿海地区产业率先创新转型，集中资源抓好研发设计、品牌建设、市场营销等附加值高的环节，引导低端加工制造环节合理有序地向周边国家和地区转移。要鼓励品牌企业和龙头企业将产业转移与供应链管理、内外市场布局结合，促进商业模式、组织形式、生产方式、营销手段创新。综合利用对外援助、投资等手段，加快建设境外产业园区等功能性和作用，发挥园区产业聚集作用，逐渐形成以我为主的跨地区、跨国价值链分工模式。

（二）按照比较优势布局实施价值链分工升级战略，跨越"劳动力成本陷阱"

在新型国际分工格局下，一个国家或地区国际分工地位的提升不完全是产业层次的提升，而主要是产业链条或产品工序所处地位及增值能力的提升。具体而言，在产业链条层次，由生产制造环节向研发设计和品牌营销环节转移，是增值能力和分工地位提升的主要标志；而生产环节又可细分为上游生产（主要是关键零部件生产，比如电脑中的芯片、微波炉的磁控管，等等）和下游生产（终端的加工组装），越接近于上游的生产技术含量越高，附加价值越大，利润水平越高；越接近下游的生产，知识技能要求越低，附加价值越小，利润水平越低。所以在生产环节中的升级，既包括从产品制造向研发和营销升级，也包括从外围配套向核心零部件生产升级。

贸易分工利益的多少并不以产业层次和产业范畴为条件。看一个国家的贸易结构是否优

化，不仅要看产品结构，还要看这个国家参与价值链分工的工序结构。传统上，按照要素投入结构不同，人们将产业划分为劳动密集型、资本技术密集型、知识密集型产业，由于后两种产业是以较少的劳动支配较多的资本和技术，因此劳动报酬较高，这对于人口没有实现充分就业的一般发展中国家来说具有特别的诱惑力。发展中国家的政策制定者很容易按照价值判断，将劳动密集型产业认为是"低级的""原始的"产业，将资本、技术密集型产业视为"高等的""现代的"产业，从而在要素供求关系出现调整信号时，简单地认为本国在劳动密集型产业上的优势已经丧失，进而实施过激的"拔苗助长"的政策措施，既挤压了传统优势产业的生存空间，又扶持了大量无效率的所谓高端产业，最终滑入"中等收入陷阱"。按照产业属性来看，当今社会随着信息技术的高度发达、社会交往的普遍加深和社会需求的日益多元化，已经很难清晰界定产业的边界，实际情况是技术资本密集型产业往往含有大量劳动密集型环节，而劳动密集型产业也包含大量对于技术、知识高需求的技术密集型环节。产业升级不是从一种产业跳跃性地转换到另一种产业，而是在产业内部和产业之间按照比较优势不同形成的产业链延伸和价值链重组的过程。当一个国家出现了以劳动力和资源要素价格上涨导致的传统比较优势减弱现象，并不意味着这个国家劳动密集型产业（包括资本、技术密集型产业的劳动密集型环节）优势已经消失。一部分优势在减弱（伴随的是部分贸易利益会减少），但另一些优势在凸显，总体上的调整后收益很可能远远大于调整前。

按照比较优势布局推动分工升级战略，核心是保持要素的自由流动和自由配置。要通过制度设计，使价格信号能够准确反映要素市场供求关系的变化，促使企业最大限度发挥"理性人"意识，做出合乎实际的微观决策，确保

要素能够配置到最有效率的部门。在我国对外贸易格局中，参与贸易利益分享的主要有两类产业：一类是以承接跨国公司产业转移的资本、技术密集型产品出口，形成加工贸易顺差；一类是以自有品牌和自主设计为主的劳动密集型产业，比如服装、玩具、箱包等等。这两类产业的价值链组织模式不同，第一类产业由于设计、营销环节主要由母公司掌握，中国承担的主要是加工组装环节，在劳动力和资源环境成本上升背景下这类产业的转移具有不确定性，也具有不可控性。但是这类产业在中国内需规模扩大背景下，将逐渐转变为以扩大内销为导向的投资生产模式。提高价值链分配的可行方式，是通过充分利用中国市场的规模效应和竞争效应，要求跨国公司转移更多附加值较高的环节，同时加大教育投入力度，丰富知识和人力资本存量，使中国要素结构更好地匹配外国资本的要素需求结构变化。对于第二类产业，要通过户籍制度改革和公共服务均等化，削除劳动力自然流动的制度约束，减少因为政策因素造成的"人为"用工荒现象，再造"人口红利"。同时，在高端人才引进、创意、设计、研发等环节，辅之以必要的政策支持，帮助企业转型升级，提升跨地区乃至跨国资源配置水平。

（三）以服务业合作为平台，提升价值链分工深度和广度

传统上，人们对贸易分工利益的关心主要局限在货物领域，对服务贸易发展关注不多。从国际范围看，进入21世纪以来，国际产业转移不仅由发达国家向发展中国家进行，也由发展中国家向发达国家和新兴市场国家转移，转移重点逐渐由一般加工工业向高附加值工业、现代服务业转移，其中金融、保险、咨询、设计、管理等专业服务成为国际产业转移的重点领域。某种意义上，全球价值链重组和完善必须以服务业转移为条件，在全球价值链细分过程中，跨国公司把非核心的生产、营（下转第29页）

推动国有跨国公司健康发展的
国际经验与启示[1]

王 欣

（中国社会科学院工业经济研究所，北京　100836）

近年来，国有跨国公司成为国际投资领域的主要力量。中国国有企业作为我国实施"走出去"战略的主力军，海外投资活动也日益活跃。然而，国有企业在海外投资规模迅速增长的同时，仍然存在各种各样的阻碍和问题。当前，国有企业的国际化经营仍然处于比较初级的阶段，与真正全球化、国际化的跨国企业的能力差距非常悬殊，突出表现在国际化经营能力和制度环境适应能力不足。本文认为，所有制本身并不是决定国有企业海外投资成败的根本原因，符合国际规则体系、赢得国际社会认可的良好企业行为，才是国有企业成功实施"走出去"战略的关键所在。因此，当务之急是有效提升国有企业适应市场竞争规则和国际制度环境的能力，从而帮助国有企业在东道国获得生存与发展的组织合法性。

一、国有跨国公司成为国际投资领域的主要力量

从世界各国的经济发展历程来看，不论是社会主义国家，还是资本主义国家，不论是发达国家，还是发展中国家，国有企业在其经济发展过程中都扮演了十分重要的角色。在经济全球化进程不断加快的背景下，越来越多的国有企业开始参与国际竞争，并形成了一批具有国际影响力的国有跨国公司。联合国贸易和发展会议（UNCTAD）发布的《世界投资报告2013》显示，国有跨国公司已经成为最重要的国际投资主体，而且这些国有企业在国际市场的竞争力不断增强[2]。2012年，全球国有跨国公司的数量达到845家，比2010年的659家有大幅增长。这些国有企业的对外直接投资总额高达1450亿美元，几乎占全球FDI总量的11%，这一比例在2009年曾经高达20%。同时，它们发起的跨国并购金额比2011年增加了8%。

值得注意的是，来自发展中国家或者转型经济体的国有跨国公司占全球海外投资的国有企业总量的比重，从2010年的54%上升至2012年的60%。其中，实施海外并购的国有企业大多来自发展中国家，最主要的并购动机是获取战略性资产（如技术、知识产权和品牌等）以及自然资源。从它们投资的产业领域来看，接近70%的国有企业投资于服务行业，尤其是金融服务、交通运输和通信产业，以及公用事

---

[1] 本文是中国社会科学院创新工程项目"新时期国有企业制度创新研究"和商务部课题"对外开放与公有制经济的关系"的中间成果。

[2] UNCTAD统计的国有跨国公司仅包括国有股比重在50%以上的国有企业。

业领域（供电、供气、供水等）。

从我国的情况来看，国有企业在对外直接投资中也占据着主导地位，在非金融类对外直接投资的存量中占比超过60%。另据毕马威会计师事务所的统计数据，2009年至2011年，国有企业海外并购金额占全国总量的88%。与此同时，一些国有企业在大型跨国公司群体中逐渐成为主角。在UNCTAD评选出的按资产排名的世界100大非金融类跨国公司中，有18家为国有企业，中国入围的2家均为国有企业，分别是中信集团和中远集团，海外资产规模分别排在第36名和第74名。在UNCTAD评选出的按资产排名的发展中国家100大非金融类跨国公司中，中国内地共有12家跨国公司入选，中海油、中石油、中石化等国有企业占据了绝对的主导地位。

二、能力不足是中国国有企业国际化发展的主要障碍

无论是与发达国家相比，还是与发展中国家相比，我国的经济发展和对外投资都实现了更加快速的增长。按照Dunning（1988、2001）提出的投资发展周期理论，跨国公司参与全球竞争和该国经济发展水平密切相关，呈现出明显的阶段性特征。而我国仅用5年的时间，就完成了相当于美国20年、法国和英国10年的经济增长过程。这带动了对外投资活动的快速增长，也对实施"走出去"战略的企业提出了组织和能力等方面的挑战。本文认为，当前中国国有企业国际化发展遇到的各种阻碍，背后的根本原因是"跨越式"发展模式下国有企业的能力积蓄不足问题，主要体现在两个方面：一是国际化经营能力不足；二是制度环境适应能力不足。

（一）国际化经营能力不足

尽管我国国有企业已经成为对外直接投资的主力军，但是，其较大的规模和资产很大程度上是依托非市场的行政手段所得，国有企业的国际化经营仍然处于比较初级的阶段，与真正全球化、国际化跨国企业的能力差距非常悬殊。胡鞍钢等（2013）的一项研究表明，以美国世界500强非金融企业为标杆，我国中央企业的竞争力虽然有大幅提升，但是与美国企业的差距依然十分明显。同时，多项研究表明，我国对外直接投资质量或效益水平与其规模增长态势呈现出背离特征。用联合国贸发会议（UNCTAD）开发的对外直接投资绩效指数（OND）来衡量，中国的对外投资绩效指数在全球排名靠后，远低于世界平均水平，甚至低于发展中国家的平均水平（桑百川等，2012）。

即使是规模在国际上领先的国有大企业，其国际化程度也远远低于国际平均水平。2013年，中国100大跨国公司中跨国指数在30%以上的只有11家，达到世界100大跨国公司的平均水平的只有2家，达到发展中国家100大跨国公司平均水平的也只有7家，还有19家企业的跨国指数低于5%。从平均海外资产占总资产比重、平均海外收入占总营业收入比重、平均海外员工占员工总数量比重三个指标来看，中国100大跨国公司与世界100大跨国公司的差异依然很大，与发展中国家100大跨国公司也存在较大差距（表1）。此外，用海外资产规模排名前10位的企业进行比较，国有企业中跨国指数最高的中国中化集团公司和中国远洋运输（集团）总公司，也只是勉强接近世界前10名中跨国指数最低的通用电气，其他国有企业如中石油、中石化、中国五矿等，与世界最大跨国公司的差距则十分悬殊（表2）。

（二）制度环境适应能力不足

从企业制度分析的视角切入，国有企业"走出去"的过程，就是从一个熟悉的国内制度环境进入一个陌生的国际制度环境的过程。有学者指出，在企业跨国投资活动中，母国和东道国之间在制度上的差异，会加大外资企业在东

中国100大跨国公司与世界水平和发展中国家水平比较　　　　表1

排名	平均海外资产占总资产比重（%）	平均海外收入占总营业收入比重（%）	平均海外员工占员工总数比重（%）
世界100大跨国公司	59.95	64.88	58.34
发展中国家100大跨国公司	27.40	47.11	39.23
中国100大跨国公司	14.61	22.25	5.07

资料来源：中国企业联合会；UNCTAD

中外跨国公司跨国指数比较（2012财年海外资产前10名）　　　　表2

中国10家最大跨国公司		世界10家最大跨国公司	
企业名称	跨国指数（%）	企业名称（总部）	跨国指数（%）
中国石油天然气集团公司	26.75	通用电气（美国）	52.5
中国石油化工集团公司	24.37	皇家壳牌（英国）	76.6
中国中信集团有限公司	19.76	英国石油公司（英国）	83.8
中国海洋石油总公司	25.8	丰田汽车公司（日本）	54.7
中国中化集团公司	55.73	道达尔公司（法国）	78.5
中国远洋运输（集团）总公司	43.46	埃克森美孚公司（美国）	65.4
中国铝业公司	12.1	沃达丰集团（英国）	90.4
中国五矿集团公司	24.4	法国燃气苏伊士集团（法国）	59.2
中国保利集团公司	19.83	雪佛兰公司（美国）	59.5
浙江吉利控股集团有限公司	67.25	大众汽车集团（德国）	58.2

资料来源：中国企业联合会；UNCTAD

道国获取经营行为的合法性的难度（DiMaggio & Powell，1983）。每个国家都有其复杂多变的制度背景，其中有的制度安排之间，甚至是彼此冲突的（Kostova & Zaheer，1999）。这就对实施跨国投资的国有企业提出了挑战，能否在最短的时间内适应全新的、多样化的国际制度环境，是决定企业国际化发展成败的一项核心能力。理论研究和实践经验均表明，在全球化竞争中，那些能够承受住巨大的制度压力、较好地适应国际规则体系的企业，往往拥有更好的企业声誉，因此更容易在东道国获得生存与发展的组织合法性。

近年来，中国国有企业的海外投资活动屡屡受挫，受到"威胁国家安全"和破坏"竞争中立原则"等指责，承受着来自国际社会的舆论和政治压力。其中一个重要原因是，这些国有企业进入海外市场时，对复杂的国际制度环境认识不足，没有遵守最基本的跨国公司行为规范，也没有尊重东道国的政治、文化等制度差异，从而导致了各种制度冲突。例如，一些中央企业在海外投资和经营过程中，触犯了海外员工的合法权益或造成了东道国的环境污染。中国国有企业应该积极效仿那些已经在国际市场上树立良好声誉的国有企业，大力推进自身的组织制度变革，提高适应复杂的制度和环境变化的能力。

三、各国国有跨国公司发展的一般规律与行为特征

尽管各国国有企业发展的环境与阶段有所

不同，但是，在国有企业实施国际化战略过程中，还是存在一些共性的规律。同时，成熟的国有跨国公司体现出一致的行为特征。这些共性规律和行为特征主要表现在以下几个方面：

（一）充分考虑制度距离和战略协同等因素，科学选择海外投资标的

跨国公司的制度环境复杂性表现在国际制度的多样性以及母国与东道国之间的制度差异。一般而言，母国与东道国之间的制度距离越大，跨国公司在东道国获得组织合法性越难，跨国界转移知识也更加困难，从而削弱跨国公司的竞争优势，阻碍跨国公司的成长。如何尽快适应不同于母国的国际制度环境，决定了跨国公司能否取得和保持在东道国的组织合法性。国外企业的实践表明，跨国公司可以通过科学选择投资区域、不断积累自身的国际经验，来减弱制度距离对公司在东道国获得组织合法性的不利影响。

从国外企业的实践来看，跨国公司在国际化拓展区域的选择上，一般优先选择那些制度距离较小、进入阻力较小的国家，待逐渐积累实力后，再向更多的国家进行拓展。例如，意大利电力首先在欧洲范围内实现跨国经营，具备一定实力后再进入亚洲新兴市场。与此同时，国有跨国公司在实施国际化战略、进行海外拓展时，特别注重国内、国际业务之间的资源整合与战略协同效应。比如，法国电力公司根据能否发挥一体化运营、技术、成本等优势，从而提升潜在价值来选择海外并购机会。相比而言，我国国有企业在实施"走出去"战略时，存在一定的盲目性，最终由于制度距离过大且战略协同性差而导致了投资失败。

（二）遵守不同层面的跨国公司行为规范，在东道国自觉履行社会责任

跨国公司的行为受到来自多个层面的制度约束，遵守这些行为规范，是企业获得在东道国的组织合法性的必要条件。按照行为规范的制定者划分，除了遵守母国制定的相关法律法规以外，跨国公司还应遵守国际性、区域性和东道国三个层面的行为规范。国外经验表明，所有制本身并不必然决定企业行为方式的好坏和海外投资的成败，厘清政府与国有企业之间的关系，使企业的行为方式更快、更好地适应市场竞争规则和国际制度环境，平衡好母国、公司、东道国以及社区居民等多个利益相关方的利益，才是赢得组织合法性和提升国际竞争力的关键所在。

在我国，越来越多的国有企业逐渐意识到社会责任的重要性，尤其是中央企业在社会责任管理和实践中均走在了中国企业的前列。但是，如果以一个合格的跨国公司标准来看，我国大部分国有企业的社会责任意识薄弱，尤其在海外的社会责任表现较差，引起了国际社会的不满和抵制，甚至进一步扩大为对我国整个国有企业群体的敌意。尽快提升国有跨国公司的社会责任意识，加强对国内企业行为的制度约束，是破解这一难题的关键所在。

（三）采用股权多元化的混合所有制形式，确保国有企业经营的自主权

一些国际化较为成功的国有企业表现出一个共同特征，就是大多采取股权多元化的形式。发达国家的国有跨国公司，尽管保持国有控股的股权结构，但是其运营和管理方式与民营企业非常相似。由于国有企业的负面特征逐渐弱化，实现了"国有民营"的运营模式，在一定程度上避免了东道国的抵触情绪。这得益于国有企业完善的现代企业制度。在法国，政府大力发展"混合经济"，促进民间资本与国有部门的融合，以股份制形式对国有企业形成间接控制。政府不是以行政命令控制国有企业，而是作为国有企业的投资者，来参与国有企业的管理。

我国国有企业参与国际竞争的一个主要劣势在于，缺乏严酷的国内市场竞争的考验。资

本主义发达国家的国有企业，在实施国际化战略之前，就已经适应了国内市场的竞争环境，具备了参与市场竞争所需的基本能力。由于我国国有企业普遍采取国有独资或者绝对控股的形式，在很大程度上依赖于资源垄断和政策优势，从而导致国有企业普遍存在自生能力不足问题。当这些国有企业迈出国门参与国际竞争时，原有的优势不复存在，自身的能力和行为不符合参与国际竞争的要求，从而制约了其国际化进程。

（四）与多个主体建立多种形式的战略合作关系，实现多类型企业的共赢

当前，国内外大型跨国公司主要采取兼并、收购等股权投资方式，以及国际项目合作的方式。同时，许多国有企业通过与本国企业或者跨国公司建立合作关系，从而更容易地进入东道国市场。例如，法国电力紧紧抓住我国新能源发电领域快速发展的机遇期，积极参与我国大型核电建设项目，在大亚湾电站项目中提供了包括研究、建设、管理和培训的一整套运行技术服务，成为我国核电工业领域的合作伙伴。意大利电力与我国电力公司签署淋溪河水电站项目清洁能源减排量购买协议，并为该项目建设提供先进技术和资金支持，实现了双方的互利共赢。

从国外国有跨国公司的经验来看，不同类型的企业之间，不只是单纯的竞争关系，而且可以建立起"互利共生"的合作关系。当前，我国许多行业都存在大企业与中小企业之间的利益争夺现象，国有企业利用自身优势，侵占中小企业的发展空间，甚至在跨国投资中形成恶性竞争，削弱了我国跨国公司整体竞争力，也不利于大企业成长的可持续发展。我国应当实现大企业与中小企业、公有制企业与非公有制企业之间的竞合关系。在进行海外投资时，应当根据多个企业的比较优势，进行更加有效的资源配置，在国际市场上形成一股合力，最

终实现"多赢"的格局。要促进这种合作关系的形成并巩固下来，必须在多个主体之间找到利益共同点，这需要政府、企业、中介机构等多方的通力协作。

四、推动中国国有跨国公司健康发展的政策建议

当前阶段，国有企业仍然是我国实施"走出去"战略的主力军，但是却遭遇到各种各样的问题和阻力。本文认为，我国国有企业实现跨国发展的主要障碍，不是来自于国有股比重的所有制特征，而是大多数企业未能很好地遵守国际企业的行为准则，成为受到国际社会普遍欢迎的合格的市场竞争者。与此同时，国有企业顺利实现跨国经营所需的外部条件也比较欠缺。对此，提出以下几点政策建议：

（一）强国有企业"走出去"的顶层设计，倡导"选择参与"的投资理念

目前，从区位布局来看，我国国有企业较多投资于自由港和一些政治高风险地区，企业国际化经营的战略、时间和空间布局并不合理。建议我国政府利用制度距离等工具，帮助国有企业提高海外投资决策的正确性和成功率。政府应积极倡导国有企业采取选择性参与策略，即改变以往"全球开花"的散点式布局，确立战略重点，尽可能回避高风险的、制度距离大的市场领域和区域，集中力量在重点区域和领域取得突破。

（二）由"帮企业"转为"造平台"，完善有利于跨国公司成长的政策和服务

在我国政府的大力扶持下，国有企业尤其是中央企业成为"走出去"的先行者。但是从企业实际来看，许多国有企业是在没有准备好的情况下开始国际化进程，而一些具备国际化发展实力的民营企业，却没有得到政府很好的支持和鼓励。今后，政府扶持的重心应当从"帮企业"转为"造平台"，进一步完善有利于跨国公司成长

的政策和服务体系，如拓展融资渠道等。

（三）建立投资预警制度，帮助国有企业获取更多信息，规避海外投资风险

政府应当建立投资预警制度，减少企业海外投资系统性风险的发生频率，最大限度地避免国有资产损失。政府应建立企业海外投资的公共信息平台，向企业实时发布投资预警通知，避免企业进入高风险的地区投资。对于已在风险较高地区投资的企业，督促其建立安全管理制度，并利用境内外投资保险来转移风险。政府还应积极推动国际双边或多边投资保护协定的签署，力求将参与对外投资的本国企业纳入国际保护体系中，从国际法律层面维护企业利益。

（四）大力发展混合所有制经济，全面提升国有大企业"走出去"的质量和水平

推动国有企业大力发展混合所有制，在绝大部分领域普遍降低国有股比重，是快速提升国有企业国际竞争力的有效途径。政府应鼓励国有企业开展全方位的战略合作，促进国有大企业与有资源和能力优势的其他企业组织之间的广泛合作，实现自身"从无能力到有能力"的组织体制转变。同时，应完善有利于混合所有制发展的金融、税收等制度，推动职业经理人制度、职工持股制度等多项配套改革，最大限度地调动国有企业发展地积极性。

（五）加强对国有企业的行为指引，增强国有企业履行社会责任的意识和能力

我国国有企业实施"走出去"战略过程中，深刻体会到遵守国际规范和履行社会责任的重要性。面对国际贸易谈判受阻、国企海外遭受排斥等现象，政府应重点加强对国有大企业"走出去"的指引工作，帮助国有企业树立正确的社会责任观念，了解国际社会对跨国公司行为规范的要求，准确识别并正确处理与各个利益相关方之间的关系，成为一个合格的国际竞争参与者，赢得国际社会对我国国有企业的尊重，并获得组织合法性。⑤

参考文献：

[1] Capobianco A., Christiansen H. Competitive Neutrality and State-Owned Enterprises: Challenges and Policy Options[R]. OECD Publishing, 2011.

[2] Chen M E. National Oil Companies and Corporate Citizenship: a survey of transnational policy and practice[J]. The James A. Baker III Institute for Public Policy of Rice University, 2007.

[3] Christiansen, H. The Size and Composition of the SOE Sector in OECD Countries[J], OECD Corporate Governance Working Papers. OECD Publishing, 2011(5).

[4] Dunning J. The Eclectic (OLI) Paradigm of International Production: Past, Present and Future[J]. International Journal of the Economics of Business, 2001, 8(2): 173-190.

[5] Dunning J. The Eclectic Paradigm of International Production: A Restatement and Some Possible Extensions[J]. Journal of International Business Studies, 1988, 19(1): 1-31.

[6] Gordon R., Stenvoll T. Statoil: A study in Political Entrepreneurship[J]. The Changing Role of National Oil Companies in International Energy Markets, 2007.

[7] UNCTAD. World Investment Report 2013: Global Value Chains: Investment and Trade for Development[R]. New York and Geneva: United Nations, 2013.

[8] 胡鞍钢，魏星，高宇宁 . 中国国有企业竞争力评价 (2003-2011)：世界 500 强的视角 [J]. 清华大学学报 (哲学社会科学版), 2013(1).

[9] 姜华欣 . 中国国有企业对外直接投资研究 [D]. 吉林大学博士学位论文，2013.

[10] 桑百川，郑伟，刘洋 . 推进中国企业"走出去"健康发展 [J]. 中国经贸，2012(4).

[11] 原毅军 . 跨国公司管理 [M]. 大连理工大学出版社，2010.

日本政府扶植中小企业政策探究

孙伊陶

（对外经济贸易大学国际经贸学院，北京　100029）

现阶段，中国的中小企业也正处于转型升级的关键时刻，本文将从探讨日本政府如何扶持中小企业出发得出一些对我国政府的启示。

一、日本经济结构以及中小企业的特点

（一）日本经济结构特点

日本的经济结构相对而言比较特殊，日本的产业经济学家将其称之为"二重结构"。所谓"二重结构"就是在经济体中现代经济和传统经济方式共存的一种经济结构。日本作为发达国家却存在着大企业与中小企业并存的经济结构。两种企业在技术设备、劳动生产率、利润等方面都有着相当大的差异。大企业在占绝对优势的情况下实现了垄断地位。[①] "双重结构"的具体表现有以下三个方面。首先，在劳动力市场方面，劳动力质量相差十分大。这表现在由接受高等教育的大学生组成的大企业劳动力市场以及由大学以下学历的人群组成的中小企业劳动力市场。其次在技术设备方面，大企业拥有先进的工艺技术以及设备，而中小企业则是设备陈旧。最后从劳动生产率上来看，两者因为前面两方面的差异导致劳动生产率相差也十分巨大。但在日本经济高速发展的过程中，大多数的中小企业与大企业联合发展，被纳入了大企业的生产经营体系而得到了长足发展，

所谓的二重矛盾也因此得到较大的改善。

（二）日本中小企业的作用

中小企业在日本的整体经济中作为一股不可忽视的力量而存在，这主要表现在以下几个方面。

（1）提供就业机会，稳定社会秩序。与大企业不同的是，中小企业很少实行终身雇佣制，更多的是依据自身的需要灵活调整雇佣人数。随着日本社会老龄化程度的加深，中小企业更能够灵活地雇佣一些有着充分工作经验和技术的老龄职工，这同时也减轻了整体社会的福利与医疗体系的负担。在泡沫经济破灭后，大企业裁员，正是中小企业对劳动力的大量吸收才稳定了社会秩序。

（2）辅助支持工业化。二战后，日本经济以重工业为核心迅速实现工业化。在这过程中，中小企业在化学、有色金属、钢铁等部门的发展中起到了重大的作用。尤其是中小企业利用自身特有的生产技术生产出高精度、高性能的工业零部件。在低成本、高质量的有利条件之下，中小企业与大企业迅速实现协调分工，承包各种大企业的零部件加工与生产。

（3）满足基本生活需求。日本国民80%的衣食完全是由中小企业提供的。中小企业在轻工业的生产方面充分发挥了规模小、适应性强、灵活多变的特性。因此，能够满足居民的

---

① 李玉潭：《日美欧中小企业理论与政策第一版》，吉林大学出版社，长春，1992年。

日常生活需要。

（4）平衡地区发展。在日本三大城市集中圈以只占10%的国土面积集中了40%以上的人口以及60%以上的工业生产。而广大的西部、北部地区，工业落后，人口稀少，地区之间的不平衡严重影响了日本整体经济的发展，而中小企业在非城市带地区有力带动了当地经济的发展，缓和了矛盾。

（5）发挥特点，活跃经济。日本中小企业遍布在各个国民经济领域中，中小企业常常避开大企业的领域。尤其在棉布棉纺等行业独树一帜，专门生产小批量的缝制服装，着重加强技术开发。与此同时，充分感应市场走向，随机应变加快自身升级换代。在这方面，中小企业有着大企业无法比拟的优势。

（三）日本中小企业的特殊特点

除了一些共同特点以外，日本的中小企业还有一些独有的特点。主要表现为：

（1）横向的非价格竞争激烈。为大企业提供服务和零部件的中小企业，必须在产品和服务质量上有着绝对的优势才能在竞争中胜出，单一依靠低价竞争并不能实现。

（2）纵向交易多层次化。日本的中小企业主要业务来自于大企业，大企业自身生产关键性部件以及最后装配，而中小企业则负责剩下的部分，承包则会分为一次承包、二次承包、三次承包等。例如负责丰田企业集团的零部件的工厂多达171家，这171家工厂直接与丰田进行交易，但在这些工厂下面还有1.2万家的二次、三次承包的厂家。像丰田与中小企业的多层次纵向结构是典型的日本企业间的市场关系的体现。

（3）独立性与依附性结合。中小企业与大企业间的资金纽带与生产经营纽带构成了两者的共同利益。在此前提下，中小企业如果遭受损失一定会影响大企业的生产经营。承包式的生产经营方式，专业化的生产协作，使得集团自身产供销一体化。这也就形成了中小企业与大企业相互依托，相互依赖的关系。而独立性则表现为以下三个方面：首先，在政府政策的保护之下，过度的价格竞争而被挤垮的现象难以在中小企业发生，具有相对稳定性。其次，虽然中小企业与大企业之间在生产经营上有着包销的关系，但实际上还是单独的法人。再次，中小企业的规模小，经营灵活、方便，便于及时调整，有着独有的竞争力。由此可见，日本的中小企业与大企业之间既有独立性又有依附性。

而日本的中小企业之所以能够获得长足的发展，不仅是由于自身独有的优势以及和大企业的合作，政府政策的扶持也有着相当大的作用，有三点可以体现：一是政府设立专职行政机构。二是政府对企业竞争的正确引导。三是适时颁布修订各种政策。

二、泡沫经济崩溃后日本中小企业扶持政策

（一）中小企业所面临的外部环境的变化

20世纪90年代泡沫经济崩溃后，科技创新成为经济发展的中心。中小企业也因此向知识密集化领域转型。尤其在新政策诱导下，中小企业跟随着产业结构转变，大力开发新产品新技术乃至尖端技术。中小企业也因此在大企业接二连三地倒闭的情况下成为日本经济的活力来源。这更使日本政府格外重视促进中小企业的发展。通产省制定了许多有利于中小企业发展的有力政策，例如1995年4月生效的《中小企业创造性活动促进法》对促进风险企业发展有着很大的作用。这项政策规定那些达到预定标准的企业可以享受许多政府的优惠政策，例如鼓励使用设备租赁，提高对技术改造贷款的补助，增加对中小企业的低息贷款，对厂房和设备投资给予税收优惠等。

在泡沫经济破灭之后，日本的社会环境发生了深刻的变化。首先，与亚洲其他国家垂直

分工向水平分工转变，日本的经济结构也从出口依存型向内需导向型转移。与此同时，国内分工结构也向流动化转变。这也就意味着中小企业需要作出适当的调整。第二，资源环境问题要求企业对节能环保技术的开发，循环经济、绿色经济的发展模式越来越成为经济发展的主流模式。第三，消费者的价值观生活方式的转变，消费多样化和消费高质化要求企业变革，从而适应这种以消费者为主导的选择性消费。第四，信息技术发展要求企业进行相应的组织调整。最后，日本社会严重的老龄化问题。这不仅是年轻劳动力不足，同时却也蕴含着老龄化产业发展的商机。同时，在经济全球化的背景下中小企业市场竞争的内容、方式、手段等都有所变化。

（二）《新中小企业基本法》的出台

泡沫经济破灭后，日本经济进入低速成长期，与此同时，世界经济全球化发展、日元升值、贸易保护主义猖獗、高龄化社会等一系列问题对日本的中小企业发展形成巨大障碍，但同时也出现两方面的结果。一方面大批中小企业纷纷倒闭破产；另一方面，由于知识经济的兴起，产业结构的转变，金融体系改革，以及政府放宽管制等一系列有利条件的刺激下，中小企业向多元化发展。这种情况下，日本政府对中小企业政策进行了再检讨。1993年日本中小企业政策审议会基本检讨小组的期中报告指出：根据《中小企业基本法》施行的各项政策在一定程度内改善了中小企业的生产结构，提升了中小企业的生产力。但随着国内外经济环境变化，原《中小企业基本法》不再适合因急需转型而调整的中小企业。因此1999年11月，日本政府修订了新的《中小企业基本法》。

1.《新中小企业基本法》的特点

《新中小企业基本法》首先确立了中小企业在经济社会所扮演的角色。希望中小企业能充分发挥灵活性与主动性，成为日本经济成长的原动力。具体来说，日本政府寄期望于中小企业在以下几个方面：①推动创新活动创造革命性技术、扩展产业领域；②强化市场竞争性，促进市场竞争力；③推动地方经济社会发展，成为地方产业集聚、商业集聚的核心；④创造就业机会、发挥企业家精神，实现自我。新的中小企业政策指导思想不再视中小企业为应受扶助的弱者，而是使用市场竞争原理以及便利性的政策措施鼓励与支持中小企业创新，进行经营转型，培育具备自主性的中小企业。希望中小企业能成为日本经济活力的推动力，加速日本产业的升级换代。

2.《新中小企业基本法》的政策目标和政策手段的变化

《新中小企业基本法》于1999年12月公布实施，对于中小企业的扶持政策在政策目标和政策手段上都发生了根本性的转变，原因一共有两点：第一，技术水平上中小企业有了巨大的进步。第二，日本经济增长的动力在泡沫经济破灭后由大企业转移到中小企业上，以通过中小企业的发展来寻求突破。理念上，中小企业从被看作是大企业的附庸以及低效率的问题企业到中小企业被认为担负着推动市场、创造就业机会、振兴区域经济等重大任务的主体。政策目标上从缩小中小企业与大企业在生产率的差距过渡到实现中小企业的多样化，同时鼓励中小企业成长和发展。从政策手段上来看，变化主要在于政策的重点目标群体不同。过去的主要目标群体是满足"高级化"方向的中小企业群体。现在，创新型企业和风险型企业则是主要的目标群体。除此之外，通过建立再生制度使在竞争中受挫的中小企业能比较容易地另起炉灶，这也在一定程度上完善了社会安全网。在大企业无力将日本经济拯救出困境之时，代表着现代经济特点的日本的中小企业凭借着灵活性和多元性保持着快速增长的势头。中小企业的良好发展也引起了日本政府的充分关注，并开始相继推出一些鼓励中小企业发展的政策。

3.《新中小企业基本法》扶持方式的变化

日本政府为了强化市场竞争能力，改善中小企业市场机能的不足，防止过度竞争着，眼于以下几点来扶持中小企业。①构建辅助中小企业创新体系。为了协助中小企业转型升级，中小企业新政策从追求规模经济效益转向为实现创新事业而设置的技术开发等课题拟定辅导策略，以用来协助创业者开创新商机与转型。首先，改善投资环境，改善风险投资的资金取得环境；其次，以引进现代化设备为中心的辅导措施着重信息化投资研发，将拓展市场、技术引进、人才培育等课题包括在内；第三，技术开发。以国立研发机构以及大学研究所为核心，加强官产学合作，提高研究预算，活用外部研发资源等。②确保资金流通与供给多元化。将重新经营者能力与技术市场成长性等非财务因素列入检讨融资担保制度的评估体系之中，以满足中小企业多元化后资金需求的多样性。③构建经济保护体系。在全球化的影响下，中小企业在世界范围内竞争变得激烈，比大企业更为脆弱。为了帮助中小企业提高风险抵御能力，日本政府提出了以下三个措施：第一构建风险相关的保险体系；第二构建紧急危机化解机制；第三构建破产机制检讨与制定破产相关的法令。

4. 相关政策的推行

（1）对中小企业的金融支持力度加大

经济泡沫破灭后，中小企业从银行获取贷款更是难上加难，而日本企业的融资一直以来主要依靠银行。中小企业的资本充足率大大低于大企业，这反映了中小企业在竞争中的弱势和缺乏融资吸引力。为此，日本政府把担保期延长一年，并把信用担保额度从原来的20万亿日元增加到30万亿日元，旨在帮助因暂时资金周转遇到严重困难的中小企业，政府系统的金融机构以优于一般金融机构的条件贷款给中小企业并适当延长贷款期限。日本对中小企业金融支持的最大特点就是将贷款科目细化，根据吸纳就业人员、企业创业风险、企业信用等特点来提供优惠贷款。这样不仅为中小企业稳定发展提供良好的资金保证的同时，更促进中小企业转型升级。1996年建立了风险基金，1998年10月为了简化风险基金的设立程序，又出台了《中小企业有限合伙投资组合法》。在债券融资方面，面向新兴中小成长企业的二板市场的设立有力地推进了风险资本对中小企业的投资力度。2000年6月19日大阪证券交易所纳斯达克日本市场的开办标志着日本开始大力促进直接金融建设，推进风险资本对中小企业的投资力度。为了避开间接金融对中小企业发展的不利局面，从2000年开始出台了一系列旨在鼓励中小企业发展的金融政策措施：

①建立健全中小企业经营安全网，实行特别贷款制度。第一设立中小企业经营支援贷款；第二设立中小企业应对金融环境变化贷款第三设立支持创业的特别贷款。

②进一步完善中小企业信用担保制度。包括：第一提高信用担保额度；第二扩大担保商品范围；第三放宽担保要求；最后，特别融资制度支持风险企业发展。

（2）政府预算支持力度加大

日本中央财政每年的中小企业对策预算大约占整个中央财政的0.25%。近几年日本政府预算中对中小企业的对策款大都在2000亿日元左右，特殊情况下追加的预算规模则更大，如1999年第二次补正预算就达6593亿日元。[1]日本政府准备在几年内对中小企业的支持达到5万亿日元。这主要为了解决两方面的问题，第一是解决呆账坏账的问题；第二是为了给中小企业的事业提供资金保证。

（3）税制支持加强

---

[1]《中小企业综合事业团对中小企业而言的网络采购海外投资指南》，2000年7月。

在税制方面，日本税法上对中小企业明确规定降低中小企业的法人所得税，资本金在1亿日元以下的分两部分，总所得在800万日元以下的部分税率为28%，超过800万日元的部分税率为37.5%。另外，创办时间为10年内的个人投资创办的中小风险企业，只对上市所带来的转让收益的四分之一征税。

（4）信息技术工具的推广和应用加强

20世纪90代后半期以来日本企业的信息化进展迅速，44.6%的企业已经完全普及IT办公，资本规模越大，从业人员规模越大的企业互联网的利用率越高，资本金在5000万日元以上的企业互联网的利用率已经超过了70%。[①]

经济全球化和信息技术加剧了企业间的竞争，并冲击了中小企业传统的管理方式和营销手段。利用互联网可以大大降低运营成本并提高物流效率，与此同时更能灵活高效地追踪最新的市场需求。但是，日本中小企业信息技术工具普及率远远落后于美国和欧盟。日本政府提供技术和资金建立中小企业内部网络，帮助中小企业适应信息时代，加强跨区域合作，并将全国各研究机构的最新研究成果信息资源共享。迄今为止日本已建立起覆盖全国的支持中小企业的网络系统。共有网点300处，国家主要提供资金支持、技术开发支持以及经营财务法律咨询支持。各都道府县支持中心主要提供信息咨询，业务投诉诊断建议，派遣专家等。

三、对我国的启示

日本政府长期以来始终大力推进中小企业的发展，消除阻碍中小企业发展的各种社会因素，而且，日本政府在推行政策时并非全部铺开而是有重点、有计划地分步骤实施，其特点体现在政策的长期性、目标的现实性、对象的特殊性、手段的多样性、政策范围的广泛性等。

目前中国中小企业正面临着企业间相互拖欠、企业负担大、融资难、人才信息受到制约等困境，因此借鉴日本政府对中小企业的扶持，提出以下三点建议。

（一）健全法律法规，为中小企业提供保障

20世纪90年代以来我国也相应为中小企业制定了一系列的法律法规，但是我国的相关法律仍然不够完善，缺乏统一的基本法。这就导致了各中小企业权利与法律地位不平衡发展。中小企业间的内部管理和市场相对混乱。今后应加快基本法的建设，同时完善一系列的配套法律。管理市场秩序的同时支持中小企业的发展。

（二）设立专门管理中小企业的部门

目前，我国是按照经济成分和行业划分来管理中小企业的，这就导致一部分的交叉管理，致使管理效率低下。所以，解决中小企业问题的首要是建立一个专门的管理机构，建立全国性的管理和服务系统，从法律、技术、信息、资金等方面整体调配，高效彻底地解决中小企业在发展过程中所遇到的一系列难题。

（三）完善中小企业的扶持政策

中央对于中小企业的管理应在大方向上严格把握，小方面上灵活调整。首先，组织上统一管理，将中小企业纳入大企业的生产体系，两者间互补互助，扩大生产能力，实现规模经济。其次，产业政策方面中小企业不应按所有制区分，应作为一个整体统一、公平、公正地管理。在财政政策上给予中小企业一定优惠，但前提是，能够促进中小企业转型升级得到长足发展。反对金融机构对中小企业的差别待遇，为中小企业提供相应的流动资金。另外，中小企业之间也应成立民间的企业协会，相互之间增加技术信息交流和资金融通。最后，人才培养方面应特别鼓励中小企业培养企业管理人才和技术人才，以提高自身的竞争力。⑤

---

① 小林英夫：《日本中小企业的现状及面临的问题——以跨进IT时代的中小企业地区变化为中心南方经济研究》，2001.

中国援助非洲的利弊及风险分析

—— 以援建基础设施为例

鲜子航

（对外经济贸易大学国际经贸学院，北京 100029）

2014 年 1 月，中国外交部长王毅访问非洲；5 月，中国总理李克强也踏上了非洲的土地。每次中国领导人访问非洲都会带去大量订单、提供大额度优惠贷款、签订多份合作协议，"我们拟将对非洲提供贷款的额度从 200 亿美元提高到 300 亿美元"；"为中非发展基金增加 20 亿美元，达到 50 亿美元"；"中国将优先将合适的劳动密集型产业向非洲转移"；"中国所有援助不会附加任何政治条件，不会提强人所难的要求"。这是 5 月 8 日中国国务院总理李克强在阿布贾世界经济论坛非洲峰会上发表的演讲。[1]中国对非援助性质的访问已经走过了 58 个年头。

一、中国援助非洲的历史进程

1956 年 8 月，为了支持埃及政府抗击英法干涉埃及内政，中国政府向埃及政府提供现汇无偿援助 2000 万瑞士法郎和 10 万元人民币的医疗物资，这是中国政府向非洲国家提供的第一笔援助，由此拉开对非援助的帷幕。援非的历史进程可以分为 1956 年~改革开放前、改革开放~20 世纪 90 年代末和 2000 年以后中国对非援助三个阶段。

（一）改革开放前

中国对非的援助更多的含有政治意义，是为争取亚非国家的政治支持，打破外交孤立。

1949 年新中国成立后百废待兴，世界处在美国资本主义和苏联社会主义两大阵营的对立当中。美国持续封锁对中国的外交和贸易，本与中国在一个阵营的苏联由于想要缓和冷战的局面，加上与中国的意见分歧，开始敌对中国，为了改善外交局面，对抗第一世界的两个超级大国，我国决定联系第三世界的国家，整个非洲都属于第三世界，因此依托非洲提高我国的国际地位就成了重要的外交手段。当时的非洲处于民族解放运动此起彼伏的阶段，一系列独立了的非洲国家民族资本薄弱、国内市场体系不完善、资金极其短缺，以及长期依赖殖民国使得很难独立发展。中国也是从被压迫中解放，与非洲国家感同身受，在自己处于刚刚建国的困难时期仍无私地向非洲提供援助，在 1956~1977 年间，中国向非洲国家提供了超过 24.76 亿美元的经济援助，占中国对外援助总额的 58%。周恩来总理在 20 世纪 60 年代访非时提出了对外援助的八项原则，中国以此为依据在援助非洲时"严格尊重受援国主权，绝不附带任何条件，绝不要求任何特权"，受到非洲国家的普遍欢迎。

这一阶段，我国以经济援助为主，政治、军事为辅，支持非洲国家反殖、反帝、反侵略斗争，提供低息贷款和无偿贷款，帮助非洲国家修建铁路、公路等基础设施。最为突出的是 20 世纪 70 年代初在欧美国家拒绝修筑坦赞铁路时，中国毅然决然地接下这项艰巨的任务，也正是中国对非洲无私的帮助，1971 年中国恢复在联合国及其安理会的一切合法权利时，76 票的赞成票中，非洲国家占了 26 票，中非关系日益紧密。

（二）改革开放到 20 世纪 90 年代末

改革开放后中国开始以经济建设为中心，非洲由于生搬硬套西方的社会体制，造成经济停滞不前，20 世纪 80 年代出现了我们所说的"失去的十年"。这一时期，中国和非洲都还在探索更好的适合自己的道路，强烈希望摆脱贫困，开始了比较频繁的互访，中国也开展新一阶段的援助行为，1982 年中国政府总理访非时宣布中国同非洲国家开展经济技术合作的四项原则，依据这个原则对比之前的八项原则可以看出，这个阶段的援助在大方向上没有变化，依然不要求任何特权、不附加任何政治条件，不同的是，从政治化转向经济化，想要寻求经济上的发展而非政治目的、从单边援助更多的转向互利；中国更加量力而行，改变了 20 世纪 60 年代由于过度援助而经济负担过重的局面；从单纯的政府援助到开始出现民间的经贸行为，从普通的优惠贷款到进行技术合作、提供医疗支持等等援助形式多样化，更多地体现了援助的合作性、平等性、友好性和互利性。

（三）2000 年至今

2000 年以后，尤其是 2000 年 10 月在北京召开了中非合作论坛首届部长级会议，中国援助非洲进入了另一个发展阶段。2006 年《中国对非政策文件》中详细并全面地说明了中国对非政策的方向和目标，有关对非援助性质的有"中国政府愿继续通过友好协商帮助有关非洲国家解决和减轻对话债务。继续呼吁国际社会，特别是发达国家在减免非洲国家债务问题上采取更多实质性行动。""中国政府将根据自身财力和经济发展状况，继续向非洲国家提供并逐步增加力所能及和不附加政治条件的援助。"不仅是债务上的减免，进入 21 世纪以来，中国

开始首脑外交，频繁访问非洲，除了传统的基础建设的援助，两国在金融、农业、旅游、教育、文化交流和医疗卫生方面都有进一步的合作。现在的中非是在合作中互利共赢，而非简单的受援国与授援国的关系。

如今，中国援非更加理性，也更注重非洲国家的需求，把非洲当成真正的合作伙伴而不是被援助的对象，这样的关系保证了双方绝对平等、绝对尊重。但是，随着中非关系更加广泛和深入，中国援非在国内外均引起了一定的争议，下面从利弊和风险角度分析中国对非洲的援助。

二、中国援建非洲有利于中国的发展

（一）政治上

有利于中国提高国际地位、在国际事务上获得非洲国家的支持，通过国际援助整合其他国家的资源、经验。《中国的对外援助》白皮书称中国对外援助政策的基本内容有"坚持不附带任何政治条件"，加上承认"一个中国"的条件。即使没有任何附带条件，中国援助非洲间接获得的政治支持是有目共睹的：中国于 1971 年重新恢复联合国的合法席位，毛主席曾说"是非洲的黑人兄弟把我们抬进了联合国"。中国曾 11 次在联合国人权会议上挫败美国的反华提案，13 次在联合国大会上让台湾"重返联合国"图谋失败，成功申办 2008 年的北京奥运会和 2010 年的世界博览会，都是得到了非洲国家的大力支持。不仅在国际事务上得到非洲伙伴的帮助，与国际组织一同援助非洲国家过程中，美国、日本、世界银行、国际货币基金组织已经积累大量援建和管理经验，中国可以从中学习，提高自身的援助效率甚至运用到国内的基建工程中。

（二）经济上

促进对外贸易和对外投资。非洲国家独立后，基础设施落后一直是制约国家发展的一个

重要因素，中国帮助非洲国家建设基础设施，不仅是为以后非洲经济的发展打下基础，而且援建工程往往要求使用中国公司的设备、材料，雇佣中国工人，由此通过援建项目间接地促进我国国际贸易的发展，为出口增长做贡献，同时创造了新的就业。随着亚洲对全球经济增长的贡献不断增大，非洲国家也希望吸引包括中国在内的亚洲国家的投资，并把基础设施作为优先发展方向，各国在税收、资金补贴方面出台了一系列优惠政策。例如，埃及对外商用于投资项目的设备只征收5%的进口关税、免交海关手续费。南非政府对外资企业收取的增值税为14%，而该国一般性公司的公司税基本税率为30%。这些政策都极大地促进了我国企业对非洲国家的投资，拉动国际贸易。

(三) 社会层面

增强国际交流，让非洲人民更了解中国的发展和现状，纠正西方歪曲中国的报道。援建非洲势必要产生两国人民的对话，交换技术人才，中国向来注重"授人以鱼不如授人以渔"尤其是进入新世纪后，加强了对非洲技术人员的培训，在2000年中非合作论坛第一届部长级会议上，中国政府宣布设立"非洲人力资源开发基金"，在此后连续三届部长级会议上，中国政府均提出了为非洲国家培训人才的目标，目前已经累计承诺培训非洲人才4.5万名，对非洲国家的人员培训已成为中国援外的重点之一。来中国接受培训前，有的非洲人民仍然认为中国处在经济封闭的环境、人民生活在水深火热中，通过在中国的学习和参观，他们对中国改革开放后成功的经济发展方式和工程建设有进一步的了解，及时纠正对中国错误的观念和印象，通过他们回非洲后的信息传播，有助于改善中国在非洲的印象。曾经一名《非洲》杂志的记者采访过在商务部培训的非洲官员（塞拉利昂总统府发言人特拉瓦里）对中国的印象，特拉瓦里毫不避讳的说，之前通过当地电视和报纸了解中国，让他联想到世界末日，真正来中国后对中国的印象完全改变，会剔除手上所有与中国实际情况不符的报道和节目。

三、中国援建非洲引发的问题和风险分析

(一) 由西方引发的问题

西方媒体歪曲中国援助非洲的善意。即使近年来中国加大援助非洲的力度，但金额仍小于其他各国，如美国全球发展中心和威廉玛丽学院的"援助数据"项目（AidData）共同发布，2000年至2011年，中国为51个非洲国家援助了1673个项目，援助总额约为750亿美元，在欧美国家中，仅美国一国在此期间对非援助总额就达900亿美元。尽管援助额小于欧美国家，但中国以其平等合作、互利共赢的态度与非洲国家合作，赢得了非洲国家的认可，援助效果大大高于美欧。再加上20世纪90年代以后中国经济的快速增长让美欧各国心惊胆战，与非洲越来越亲密的局面使他们开始在媒体、政府部门发出诋毁中国的信息，其中声称最多的是"中国是为了能源与非洲建交，以牺牲当地利益开采矿产""中国破坏非洲的民主""中国正在间接地殖民非洲土地"，另外，非洲曾是欧洲的殖民地，当地媒体传播渠道主要是BBC等美欧主导的信息通道，中国缺少宣传，这样信息不全面便造成非洲人民对于中国的误解。

(二) 给本国带来的问题和风险

非洲国家对中国援助的期望不断提高，给我国造成经济压力。中国对非洲的本意是想帮助非洲人民脱贫致富，但随着援助的力度加大，非洲开始习惯于中国的援助，并不断提出新的要求，尤其是在本国遭受自然灾害、金融危机、与西方发生冲突时，更是把中国的援助当成双边合作的重要条件。2014年5月，克强总理访问非洲时承诺将"对非洲提供贷款的额度从200亿美元到300亿美元""优先将劳动密集型产

业往非洲转移""积极参与非洲公路、铁路、电力、电信等项目建设，要在非洲设立高速铁路研发中心"，但离非洲国家的期望仍然有差距。

中国援助非洲的成套项目都是长期工程，但非洲国家施工条件恶劣、政局不稳定让经济政策容易受到政治环境影响，加上非洲当地法律制度不完善，中国企业易与非方产生冲突。以坦赞铁路为例，中国为修建这条铁路付出了沉重的代价，除了投入巨大的财力，坦桑尼亚和赞比亚需要修建的地方荒无人烟，环境恶劣，中方有65人为之献出宝贵生命。非洲一些政治敏感的国家由于政局不稳定，一旦亲欧美派主导国家走向，中国的援建项目就会受到很大的影响，甚至让中国企业遭受莫大损失。如利比亚危机，由于西方的军事干涉，中国的合同搁浅、项目停止，中国企业遭受巨大损失，据商务部部长陈德铭2011年3月7日公布"中国官方在利比亚没有投资，但75个中国企业在利比亚有50个工程承包项目，涉及金额188亿美元""中国损失的资金可能不止200亿美元。"随着中国援助的项目从国家负责逐步过渡到企业承建，援助的行为更加商业化，个别企业利欲熏心，拖欠劳工工资、不按法规施工，在当地造成极其不好的影响。2003年以来，中方在赞比亚的劳资纠纷不断，出现过多次工潮和肢体冲突，长期积压的矛盾终于在2010年10月15日爆发，由于中方拖欠工资，当地矿工进行示威与中方管理人员发生冲突，两名监工向矿工平射，导致11名当地旷工和一名群众受伤。这些情况使得许多赞比亚人认为"白人比印度人好，印度人比中国人好，中国人最坏""中国人冷酷、漠视人权"。由此看出，在非投资时的选址问题、突发状况应对问题都是应该考虑的，这不仅关系到是否可以有效地援建非洲，还会影响中非已经建立的友好关系。

（三）非洲国家发展现状引发的风险

非洲国家过于依赖外来援助导致国家基建水平不高，中国移交的工程项目也由于非洲国家经营管理不善、工程日后的维护不足使部分基础设施濒临"破产边缘"。关于援助的有效性，国际援助团体和组织部门也在质疑，这么多年对非洲的援助究竟是起到了拉动非洲国家经济发展的作用还是在把非洲往火坑里推。质疑的原因在于，近年来中西方都在加大对非洲的援助，据相关数据显示，每年各国政府机构会向非洲提供约500亿美元经济援助，而私人慈善机构的援助额也高达130亿之多。但非洲的现状却大不如前，甚至比不上五十年前，人民贫病交加，教育极度落后，无政府状态十分严重……似乎外来援助正加剧非洲形势的恶化。赞比亚经济学家比萨·莫约曾发表言论："当今非洲人均实际收入甚至低于1970年代，其中一半非洲人口日均生活费不足1美元，贫困人口总数比二十年前翻了一倍。"

大量的人力物力投入到非洲的土地上，给非洲国家提供硬件设施，但非洲最急需的是本国人民教育水平的提高。各国的工程师、技术人员和施工队伍进行一段时期的援助，尽管亲力亲为，却很少培养当地的技术人员而间接导致了本土行业发展裹足不前，本土工程师、师资力量更因术业不精不被雇佣、价格低廉而日渐匮乏。我国以前大多数援建的都是成套项目（交钥匙工程），一旦援助队伍把援建好的工程交给非洲，非洲国家便会因经营管理不善导致基建设施可利用时间不长，一旦硬件设施陷入危机，非洲国家会更加依赖外来援助，形成恶性循环。这样的例子比比皆是，中国承包商在莱索托援建毛条厂完工后拿了承包款走人，莱方管理不善致使毛条长亏损、倒闭，莱方既未从援助中得到经济利益，又无力向我国还本付息，不但违背了最初我国想要用优惠歇息贷款的办法帮助莱索托，还会使莱方利益受损，甚至影响两国关系；本文一直提及赞扬的坦赞铁路的衰落也已经成为不争的事实，从1980

年以来，运量就不断下降，目前仅维持每年60~70万吨的水平，而至少要80万吨的水平才能不亏损。管理问题也不停暴露：设备老化，两国共同管理铁路造成资源浪费，资金不流通，甚至设备遭到偷窃，管理层官僚腐败。这一系列援建后的问题都给我国的援建造成风险，我国深知授人以鱼不如授人以渔，即便现在授人以鱼也授人以渔，仍需要很高的人力成本，就拿2012年官方交付的中国援建的非盟会议中心来说，为了不重蹈坦赞铁路日渐落败的覆辙，我国在两年后才会实现全面的交付，因为需要至少两年时间向非洲人民培训相关的管理技能。

四、结语

中国援助非洲已有半个世纪，援助的目的也从政治合作到经济合作到共同发展；援助形式从单方面物资援助、低息贷款到李克强总理今年提出的在产业、金融、减贫、生态环保、人文交流、和平安全六个领域的多元化合作，非洲随处可见中国援建的标志性建筑。援建非洲的出发点是好的：获得政治支持、促进对外贸易、塑造负责任的大国形象、与非洲共同发展，但由此引发的问题也不容忽视：西方媒体恶意的诋毁、我国肩负的经济负担、与当地的政治文化冲突和非洲国家后期的弱管理能力都给我国的援助带来风险。尽管如此，中国仍然在尽自己的最大努力帮助非洲，力求公共发展、不断完善对外援助的体制制度、加强与非洲国家和西方国家的沟通、培训非洲当地的技术管理人员，充分体现了中国在援助非洲上的诚意和努力。路遥知马力，日久见人心。援助非洲的道路虽然漫长，但中国可以走得很好。⑤

参考文献：

[1] 李凉、吴乐珺、蒋安全，等.李总理阿布贾演讲赢得9次掌声 [N].环球时报 2014-5-9.

[2] 李安山.论中国对非洲政策的调适与转变.西亚非洲，2006 (8):14.

[3] 黄梅波，卢冬艳.中国对非洲基础设施的投资及评价 [J].国际经济合作，2013 (12):17-22.

[4] 李潇.曹凯.刘春晓等.中国援非，更注重授人以渔.环球网.2010-7-20.

[5] 统计报告估计中国十年间援助非洲达750亿美元.中国新闻网.2013-05-08.

[6] 陈素娥.中国援赞的历史反思与现实审视 [D].中南大学，2012.

[7] 石璐.中证网—中国证券报.http://gj.jourserv.com/news.aspx id=287, 2013-12-06.

（上接第13页）销、物流、研发、设计活动，转包给成本较低的发展中国家企业去完成，这必然伴随大量生产性服务业的转移。在制造业服务化背景下，一个国家能否从全球价值链治理中获得更多分工利益，不仅仅取决于制造业竞争水平，很大程度上也取决于服务业特别是生产性服务业的发展水平。

考虑到服务业开放的敏感性，当前服务业开放的路径应当是，对外：率先与港澳台进行服务业开放合作，突破世贸组织框架下的开放承诺，提升服务业对外开放水平。在积累经验的基础上，逐步扩大中国–澳大利亚、中国–东盟自贸区升级版谈判等在谈自贸区的服务业开放水平，改变以货物贸易开放为主的自贸区合作模式，使自贸区成为全方位产业合作的平台。在远期目标设定上，应当比照跨太平洋伙伴关系协定（TPP）、跨大西洋伙伴关系协定（TTIP）、国际服务协定（TISA）等谈判，把我国服务业开放提升到接近这些谈判目标的水平。对内：要在中国上海自由贸易试验区的基础上，逐步扩大服务业开放试点，逐步形成准入前国民待遇加负面清单的服务业准入模式，引进先进服务要素，激发服务业发展活力，夯实服务贸易发展的产业基础。⑤

关于调整建造师注册审批事项的政策解读

李素贞[1]，王丽雪[2]

（1.北京化工大学，环球网校，中国设备监理协会，北京 100029；
2.环球网校，北京盈科律师事务所，北京 100081）

近日，国务院及各部委陆续出台了关于取消部分行政审批事项的决议，随后关于"2015年全面取消一级二级建造师审批事项"[1]等非官方通知和不实传闻在网络上不胫而走，引起建造师相关从业人员的紧张热议。大家关注的焦点主要集中在建造师注册制度是否取消、对挂靠是否产生影响，甚至会不会就此取消建造师考试等问题。

对此，环球网校两位名师李素贞副教授和王丽雪老师，携环球其他名师紧急召开专家组会议，深度观察、透析形势，总结分析、打破传闻。得出如下结论：第一，行政审批事项的取消和下放对建造师资格制度无影响；第二，准入类资格的取消对建造师资格制度无影响。现从政策内容和工程实践等方面予以深度解读，以期对各位从业人员进一步理解政策走向有所裨益。

一、政策内容深度解读

（一）行政审批事项的取消和下放对建造师资格制度不产生影响

依据 2013 年《国务院机构改革和职能转变方案》[2]，我们的政治体制改革已经步入深化阶段。行政审批是行政许可理论制度的现实管理手段之一，而行政权力来源于行政许可。十八大后，我国的政治体制改革逐步深入，主要改革方向为简政放权，首当其冲的就是改革行政审批制度。

行政审批制度的对象为行政审批项目，2003 年出台《行政许可法》之后，行政审批项目即以此可以分为行政许可审批项目和非行政许可审批项目。行政许可审批项目即为依据《行政许可法》规定的调整范围进行规制的审批项目，非依《行政许可法》的调整范围进行归类即为非行政许可审批项目。当然，二者在理论上还存在其他方面的区别，在此不再赘述。

通过此改革方案，我们可以进一步理解和预测政策走向。首先，严格控制行政审批事项，今后一般不新设许可。换言之，未来几乎不会再新设其他资格考试类项目，因此现在已经保留的建造师考试的含金量会更高。其次，2015 年基本完成取消非行政许可审批事项，代之以政府部门内审或后置审批。从 2013 年起，我国就开始规范这类非行政许可的审批事项，今年开始分批取消，按照十八大改革方案的要求，到 2015 年基本完成取消非行政许可审批事项。但是，一级建造师考试则属于国务院确定的行政许可审批事项[3]。最后，对水平类资格考试的相关管理工作，由国务院部门转移至有关行业协会、学会。其实，这一转变主要是针对于政府部门间的权力博弈与运作而设置的，对建造师资格制度运作本身则不会产生影响。

2013 年 9 月河南省政府决议[4]提出取消二级建造师职业资格注册作为行政审批项目的决定。而在最终执行环节，仍按照行政审批事项予以公示信息，请各位予以关注，具体见河南省工程建设信息网关于注册的相关信息[5]。

一级建造师属住宅和城乡建设部的行政许

可审批事项，法律依据为《建筑法》和《注册建造师管理规定》，不经法律修订，不得取消或下放管理层级。所以，不会取消一级建造师的注册管理。

二级建造师不属于住宅和城乡建设部的审批事项，而是地方政府建设行政主管部门的审批事项，在没有法律法规有明确规定的情形下，不得调整审批事项的性质。因此，不会取消二级建造师的注册管理，同时也不会降低建造师的市场价值。

（二）部分准入类资格的取消对建造师资格制度不产生影响

目前，我国考试乱象问题亟待进一步规制。从职业考试的体系角度来讲，职业考试分为职业资格考试和职业水平考试。职业资格考试有区分执业资格考试和准入资格考试。执业资格主要针对社会通用性强、与公共利益相关的事项而言，准入资格主要针对某一专业（工种）学识、技术和能力的事项而言。同时，职业水平考试则与行业准入和执业准入无关。

2014年8月国务院出台关于取消部分行政审批项目的决议[6]，涉及到行政审批项目共95项，其中，各位考生比较关注的考试类的行政许可事项分别是房地产经纪人、注册税务师、质量专业技术人员、土地登记代理人、矿业权评估师、国际商务专业人员、注册资产评估师、企业法律顾问、建筑业企业项目经理、水利工程质量与安全监督员、品牌管理师等11项。

人社部紧随其后，出台最新规定[7]，取消了的准入类职业资格考试。此规范主要是跟国家利益、公共利益关系并不密切的，可以按程序提前修订有关法律法规后予以取消，在确需保留前提下可以设置为水平评价类职业资格。尤其对于地方各级人民政府及有关部门自行设置的职业资格，予以取消，确有必要保留的，可以经人社部批准后作为职业资格试点予以管理。

综上，我们可以看到这11项主要是涉及

非国家利益、非公共利益、行业从业人员和受众范围较小的审批事项，不包括建造师。而建造师近年报考人数每年突破三百万，从业人员三千万以上，关系到国家利益、公共利益，建造师的工作成果与我们的生活息息相关，无处不离。因此此次取消准入类资格的行政行为对建造师资格制度不会产生影响。

二、工程实践改革反思

建造师执业资格制度起源于英国，迄今已有150余年的历史。目前，世界上许多发达国家都相继建立了建造师制度。自2003年第一届建造师考试时，全国的建筑业企业有10万家左右，从业人员达3669万人，约占全世界建筑业从业人数的25%，经批准取得项目经理资格证书的有50多万人，其中一级项目经理10万余人，但对外工程承包额却仅占国际建筑市场的1.3%。但经过11年的建造师考试制度的运行，截止2014年9月3日，全国一级建造师初始注册人数336238人，变更注册197881人。其中，江苏省和浙江省的注册人数都超过30万人，位居前两位。建造师执业资格制度，为我国培养技术人才、开拓国际建筑市场、增强对外工程承包能力等国家利益作出巨大贡献。

但也恰在市场需求的大量激增、行业良性发展的同时，也存在着众多乱象和问题。具有资质的建造师人才稀缺、企业承揽工程因资质问题受到阻碍，不惜重金"租证"。同时，建筑行业考核评价体系尚待健全、工程的安全生产和质量管理问题尚待有效的监督管理，多重因素，共同滋生挂靠产业链，导致安全事故频发。2014年8月31日颁布的《安全生产法（修订案）》，进一步加大生产经营单位违法行为的处罚力度，其中对于发生重特大事故的最高可罚2000万元，按照事故等级分别处以其上一年年收入30%至80%的罚款。从最新出台的规范性文件对于安全生产的处罚力度和重视力度，即可见一斑。

但是，制度的建设不会因噎废食，对于一级建造师等涉及国计民生的重要的资质管理今后只能加强，不会削弱。可能会向先进国家学习，也会和政府转变职能相结合。但是在改革中前进的目标不会改变。

三、小结

综上所述，从行业的市场化改革的大方向来讲，改革势在必行。但改革的方向，是进一步对行业进行规范管理，进而完善建筑行业的质量管理和安全生产管理，但绝非政府部门的不作为和简政放权。同时，对于建造师资格管理制度而言，存在《建筑法》、《注册建造师管理规定》等规范性文件的法律依据，且从制度运行和法律修订程序来讲，都绝非可以通过简单程序就能取消此关系国家利益、公共利益的重大行业和市场变革。

因此本文的结论是：第一，行政审批事项的取消和下放对建造师资格制度无影响。第二，准入类资格的取消对建造师资格制度无影响。笔者在此翘首以盼建造师行业发展，期待制度性变更，以融入到建筑业飞速发展的时代熔炉之中，铸造行业辉煌、引领时代精神！⑤

参考文献：

[1] 新闻一：《中编办：明年取消非行政许可事项不再开后门》（http://news.163.com/14/0824/02/A4CNMSKA00014AED.html）（编者注：此非官方通知）.

新闻二：《2015年全面取消一级二级建造师审批事项……》（http://bbs.co188.com/thread-8988060-1-1.html）（编者注：此为不实新闻）.

新闻三《……一建注册制度改为登记制度……》（http://blog.sina.com.cn/s/blog_698064ef0102v1lk.html）（编者注：此为不实新闻）.

[2] 第十八届全国人民代表大会表决通过的《国务院机构改革和职能转变方案》（国办发【2013】22号）2013-03-14.

[3] 国务院明确住房与城乡建设部的行政审批事项范.http://spgk.scopsr.gov.cn/bmspx/show-Xm/14/5683.

[4] 2013年河南省人民政府.《河南省人民政府关于取消和调整行政审批项目的决定》（豫政【2013】58号）.

[5]《2014年河南省第七批二级建造师注册审核意见公示》http://www.hngcjs.net/news_show.asp id=10683&bigclassname=%B9%AB%CA%BE%B9%AB%B8%E6&smallclass.

[6] 国务院.《国务院关于取消和调整一批行政审批项目等事项的决定》.2014-07-22.

[7] 人社部.《人社部减少职业资格许可和认定有关问题的通知的决定》（人社部发【2014】53号）.2014-08-13.

（上接第85页）引入自然，再现自然，运用生态技术，将植物、水体等自然景观引入建筑内部的创想，已成为人类社会共同追寻的目标。

五、结语

生态建筑代表了21世纪的发展方向，从全球可持续发展的观点来看，提倡各种建筑生态技术的应用，发展低碳绿色生态建筑，有助于推动全球生存品质的改善。对于发展中国家加大低碳绿色生态建筑的研究，推进建筑的生态化，无论是从环境、能源和可持续的角度都将有重要的现实意义，是造福子孙后代的千秋大业。

近几年，国家和地方政府相继出台了政策标准，为低碳、绿色、生态建筑的规划设计、施工验收和运营管理提供了依据，建立了风向标，设计了时间表。当下，人类社会、全体国民认真履行职责、积极组织实施、加强监督管理、努力实现目标，尤为重要。⑤

国外公司治理结构比较及对完善国有公司治理结构的建议

张韵博

（中国建筑股份有限公司企划部）

本文主要介绍国外以及香港地区治理结构的主要特点和产生背景，分析中国国有企业治理机构存在的问题，并尝试提出完善建议。

一、治理结构的定义

公司治理结构可以分为狭义和广义两个层次：

狭义治理结构主要研究公司内部组织结构的激励机制以及权力的相互制衡，其主要着眼点在于解决委托——代理问题，是指由所有者、董事会和高级执行人员（即高级经理人员）三者组成的一种组织结构。在这种结构中，上述三者之间形成一定的制衡关系。通过这一结构，所有者将自己的资产交由公司董事会托管；公司董事会是公司的最高决策机构，拥有对高级经理人员的聘用、奖惩以及解雇权；高级经理人员受雇于董事会，组成在董事会领导下的执行机构，在董事会授权范围内经营企业。

广义治理结构不限于对公司内部组织结构的研究，主要是指有关公司控制权和剩余索取权分配的一整套法律、文化和制度性安排，这些安排决定公司的目标，谁在什么状态下实施控制、如何控制及风险和收益，如何设计所有权的配置、企业的资本结构，如何在不同企业成员之间分配等问题。

二、国外治理结构比较

国外公司治理的实践，有两种比较典型并以融资作为基础的公司治理模式值得我们关注，即由证券市场起主要作用（也称"用脚投票"的外部控制）的美英模式和由银行起主要作用（也称"用手投票"的内部控制）的德日模式。

（一）以美英为代表的"股东主权加竞争性资本市场"的外部控制模式

美英模式主要是按美英法系的基本要求订立公司法的国家普遍实行的一种公司治理结构模式，也称为新古典式公司治理模式，采用这种模式的国家有法国、意大利等。这种模式的特点主要表现在：

（1）企业融资以股权和直接融资为主，资产负债率低。在美国绝大多数企业中，其资产负债率一般在35%~40%之间，大大低于德国和日本60%左右的资产负债率。同时，在美英公司融资结构中，银行在企业中的债权比重也大大低于德国和日本。

（2）在股权结构中，股权高度分散化，机构持股者占主体，个别大公司中的持股率甚至高达70%以上，机构持股者中退休基金的规模最大，信托机构次之。从原则上讲，机构本身不拥有股权，股权应属于最终所有人——信托收益人，但由于最终所有人通过信托关系授权机构行使股权，因此，机构投资者支配的资本大都是属于私人委托者的，机构代表所有者即股东的身份进行证券投资。

（3）以股东价值最大化为治理目标。由于企业融资结构以股权资本为主，其公司治理就必须遵循"股东至上"逻辑，以股东控制为主，债权人一般不参与公司治理。这是因为美英法律禁止银行持有公司股份，银行对公司治理的参与主要表现为通过相机治理机制来运行，即当公司破产时可以接管公司，将债权转为股权，从而由银行对公司进行整顿。当公司经营好转时银行则及时退出，无法好转时才进入破产程序。

（4）以股票市场为主导的外部控制机制高度发达。与公司融资的股权资本为主和股权高度分散化相适应，美英高度发达的证券市场及其股票的高度流动性，公司治理表现为由外部控制来实现。单个股东对公司的控制主要是通过证券市场，表现为"用脚投票"。这种外部控制模式的主要特征是：重视所有权的约束力，股东对经理的激励与约束占支配地位，这种激励约束机制的作用是借助市场机制来发挥的。由于以股东价值最大化为目标，因此，其对公司及经理的评价以利润为主。股东的投资回报来自公司的股息和红利分配，在证券市场上股价升值中获得的资本增值收益。投资回报的多少和所有者权益是评价经理业绩的重要指标，因此，经营者就必须尽职尽责，通过提高公司业绩来回报股东。

（5）采取经营者"股票期权制"的激励机制。与证券市场"用脚投票"的外部约束机制相适应，美英公司为激励经营者努力为股东创造利润，借助证券市场。由于股票价格的波动在一定程度上反映了经理人员的经营绩效，因此，设计了对经营者实行股票期权计划，以将经营者的利益和股东的利益与公司市场价值有机结合。所谓股票期权制是：授予经营者能

在今后10年内给期权时的市场价格购买公司股票的权力。这样，如果以后公司经营业绩良好，股价就会上涨，经营者就能赚得现价与以后股价之间的差价。

（6）美英国家公司治理模式框架。美英国家公司治理模式的框架由股东大会、董事会及首席执行官三者构成。其中股东大会是公司最高权力机构，董事会是公司最高决策机构，董事会大多由外部独立董事组成，董事长一般由外部董事兼任，既是决策机构，又承担监督功能，首席执行官依附于董事会，负责公司的日常经营。美英国家公司治理结构中不单设监事会，其监督功能由董事会下的内部审计委员会承担，内部审计委员会全部由外部独立董事组成。值得一提的是，美英国家公司治理结构中对经营者的激励与约束机制主要是借助于证券市场而设计的激励股票期权制和恶意收购接管约束机制。

综上所述，股东主权加竞争性资本市场的外部模式的利弊可以概括为：存在高度发达的证券市场，公司融资以股权融资为主且股权结构较为分散，开放型公司大量存在；公司控制权市场十分活跃，对经营管理者的行为起到重要的激励作用；外部经营者市场和与业绩紧密关联的股票期权制的报酬机制对经营者行为有着重要作用。其优点是存在一种证券市场"用脚投票"约束机制，能对业绩不良的经营者产生持续的替代威胁。这种模式不仅有利于保护股东的利益，而且也有利于以最具生产性方式分配稀缺性资源。但这种模式的不足也是明显的：易导致经营者的短期行为，过分担心来自市场的威胁，缺乏内部直接监督约束，经营者追求企业规模的过度扩张行为得不到有效制约。为了克服这些弊端，美英公司的治理也开始借鉴德日模式，注重"用手投票"的监控作用。

（二）以德日为代表的"股权加债权共同治理的银行导向型"内部控制模式

德日模式主要是按欧洲国家大陆法系，强调公司应平等地对待股东和雇员。因此，这些国家一般侧重于公司的内部治理，较少依赖证券市场"用脚投票"的外部治理机制。采用和效仿德日模式的国家有瑞典、比利时、挪威等国。虽然德日都属于"银行导向型"的内部治理模式，但两国在公司治理结构中又存在一些差异。德日模式的特征主要是：

（1）企业融资以股权和债权相结合，并以间接融资为主，资产负债率较高。在德日的大多数公司中，90%的公司属于有限责任公司，大企业则大多数是股份有限公司，银行作为债权人既为公司提供贷款，又是公司的股东，银行兼债权人和股东为一身，其资产负债率大大高于美英等国。

（2）在股权结构中，法人之间交叉持股，法人和银行则是股份公司最大的股东，股权集中程度较高。德国是全能银行的典型，商业银行可以经营包括各种期限和种类的存贷款、各种证券买卖以及信托保险等一切金融服务，银行持有公司股票在10%以上，并且掌握着股票的代理权；而在日本银行则实行主银行制度，企业与银行之间形成了长期、稳定、综合的交易关系，与企业形成这种关系的银行就是主力银行，银行持有公司股票高达20%左右。

（3）以债权人及利益相关者作公司治理目标。由于企业融资结构以股权和债权相结合且以间接融资为主，其公司治理就必须遵循"利益相关者"逻辑，形成股权与债权共同控制公司。

（4）外部治理机制较弱，以内部控制即"用手投票"机制为主。德日银行对公司治理的参与主要表现为：一是作为债权人通过向企业提供短、中、长期贷款而形成对公司财务压力，并及时进行相机治理。二是银行作为企业的大股东，以持有公司的股票直接参与公司内部治理。由此可以看出，德日银行通过债权和股权共同参与公司内部治理，由此形成了银行导向型的公司治理模式。

分析美英与德日银行参与公司治理结构的模式的作用可以看出两者是有显著区别的：美国银行对公司治理结构基本上是持消极态度的，而德国和日本则是积极参与。美英银行对公司主要采取相机治理机制，其优势在于可以减少银行风险；而德日的股权和债权参与机制的优势在于稳定银企关系，有利于产业资本与金融资本的结合，避免资源的浪费。

（5）采取经营者年薪制和年功序列制的激励机制。经理的报酬设计主要是年薪而非股票和股票期权制。以日本为例，主要是通过年功序列制度的刺激实现对经理人员的有效刺激。所谓年功序列制，是指经理人员的报酬主要是工资和奖金，奖励的金额与经理人员的贡献挂钩，公司经营业绩越显著，经理人员的报酬就越高。这种激励制度还包括职务晋升、终身雇佣、荣誉称号等精神性激励为主，不是短期利润增长和股价上扬，而是更着重于结合公司的长期目标绩效。

（6）德日国家公司治理模式框架。德日公司治理结构虽然都属于债权加股权的共同治理型，但德国雇员在很大程度上参与公司治理。这样，德日的公司治理结构框架也存在较大的差异。德国的治理结构为特殊的"双层董事会"制度，即监督董事会和管理董事会，其中监督董事会的地位高于管理董事会，监督董事会主要代表股东利益监督管理董事会，由股东大会选举产生，但并不直接参加企业的具体经营管理，其职能相当于美国公司的董事会；管理董事会由监督董事会招聘组成且具体负责日常经营活动，其职能相当于美国公司的首席执行官。而日本公司治理结构的框架则由股东大会、董事会、经理、独立监察人所组成。实际上，股东大会在日本是名存实亡，真正发挥决策作用的是由经营者专家组成的内部董事会，董事会成员主要来自公司内部，不设外部独立董事，共同治理在日本已演变成了由经营者和内部人控制的局面。

综上所述，股权加债权的银行导向型的内部控制模式的利弊可以概括为：企业融资以股权加债权相结合，公司的股权相对集中，持股集团成员对公司行为具有决定作用；银行集股权与债权于一身，在融资和企业监控方面起重要作用；董事会对经营者的监督约束作用相对直接和突出；内部经理人员流动具有独特的作用。其优点是：银行直接"用手投票"，有效控制机制可以在不改变所有权的前提下将代理矛盾内部化，管理失误可以通过公司治理结构的内部机制加以纠正。缺点是：缺乏活跃的控制权市场，无法使某些代理问题从根本上加以解决；证券市场不发达，企业外部筹资条件不利，企业负债率高等，这些缺陷是该模式的重要问题所在。为了克服这些弊端，德日公司治理也开始借鉴美英治理模式，注重"用脚投票"的作用。随着经济全球化的加快，美英和德日这两种传统的公司治理模式正在开始朝着趋同化的方向演变。

（三）美英／德日公司治理模式的借鉴与启示

分析比较美英德日公司治理可以看出，两种模式的区别在于：一是依托和控制机制不同。美英治理主要依托证券市场，借助证券市场"用脚投票"来实行外部治理。而德日则主要借助和依托银行，直接进入企业"用手投票"进行控制；二是由于融资结构基础不同，从而形成了美英股东主权型与德日股权加债权的共同治理型这两种不同的治理结构；三是由于对经营者的激励与约束机制不同，美英国家借助证券市场而设计的股票期权作为激励机制，而收购接管则是作为对经理人员的约束机制。在德日国家，公司对经营者的激励与约束机制主要体现为年薪和企业的实际绩效；四是监督机制不同。在股东主权型的美英国家公司治理，主要通过外部董事来保证制衡和监督，而在共同治理型的德日国家公司治理，日本是设立独立监察人，而德国是通过雇员参与监事会来监督。

三、香港公司治理及两地公司法比较分析

香港的公司治理结构是以股东利益为主要价值取向，这跟香港公司法所尊奉的自由价值相关。香港公司法以"建立自由，带来活力"为目标，为保障香港经济自由、高效、繁荣发展提供相应规则。传统观念认为，作为一个私法上的自治组织，公司是由股东组成并为其赚钱的工具，只有股东才是公司的成员，并且股东是公司的最终所有者和公司利益的唯一享有者，由此，信守股东本位就成为香港公司法的基本理念，它包含两层含义，一是治理主体的唯一性，即只有股东才是公司法人治理结构的主体，而那些被现代公司理论称之为非股东的利害关系人，被排除在公司法人治理结构之外；二是公司经理必须并且仅仅为股东的"最大化"利益服务和满足其对利润无节制的追求，否则将受到股东的治理。受这种理念的影响，股东大会、董事会和高层经理之间的权力制衡机制，成为香港公司治理结构的主要内容。

（一）香港公司治理结构设计

香港公司法在公司治理结构的设计上没有采取完整的分析制衡和权力平衡规则，而是采取董事会中心主义的管理模式，侧重于管理效率。对公司的控制及日常管理，通常由公司董事会负责。为了限制和避免公司董事滥用职权，《公司条例》赋予公司股东召开股东年会，以审议公司事务和对重要事项作出决议的权利。每个公司至少应有两名董事，除公司章程细则规定某些董事必须持有指定的股份外，董事无须在公司内持有股份，因此，董事可以是公司的雇员。《公司条例》没有规定公司的法定代表人，董事会可授权任何一位或多位董事对外代表公司。

公司董事会和董事的职权主要由公司章程细则确定,法律不作具体规定。但对董事的职责,不仅《公司条例》有很多规定,而且公司章程大纲和细则也要规定,并且,董事还负有受信人(信托关系中的受委托人)的职责和成例上的职责。为解决对公司财务监督的问题,《公司条例》要求每一公司必须于股东年会上委任核数师,核数师应就公司每年的会计帐目制作报告并提交给股东年会。总的来看,公司机构的职权范围主要是由公司章程细则确定,而公司机构的义事规则及程序,《公司条例》和判例法则有详细的要求。

(二)两地公司法在公司治理结构方面的主要差异分析

(1)香港公司表现出较强的董事会中心主义,但在制定法和判例法上却对董事设定了受信托义务、竞业禁止义务、注意义务、忠实义务及其认定规则,这对于加强董事责任,保护公司、股东、债权人的利益均为必要;而内地公司法虽然对董事也规定了一些原则上的义务,但具体实务操作上对董事义务的确定上仍缺少明确的规定表述。

(2)内地公司股东会董事会的职权均为法定,有利于规范化管理,也有利于对相关人知情权的保障,从而有利于交易安全。但是,每个公司都有其特殊性,应当允许公司章程有规定公司机构职权的自由度,在这方面,香港公司法的做法值得借鉴。

(3)对于董事和董事会应予以监督是各国公司立法的共识,香港公司不设专门的监督机构,而由股东会并借助于职业会计师对董事或及其公司财务进行监督,虽可能减少管理成本,提高经营效率,但难以做到即时监督,切实防止董事滥用职权。比较来看,内地公司法的规定监事会由于成员的专业性和知情权等问题,效率、效果也同样不高。

(4)在公司机构的议事程序规则方面,香港法规定比内地法要严密。比如,股东大会通过的决议,在香港法上就分为普通决议、特别决议、须特别通知的决议、签约决议,对不同决议有不同的形成规则;另外,诸如举手表决、投票表决、签署表决,公司印章使用等细节,也有不厌其烦的规定。内地公司法注重对公司机构实体权力的规定而疏于对权力行使程序的设计,有必要参考香港法加以完善。毕竟,明确而合理的议事程序是提高公司机构动作效率的保障,也是限制管理者滥用权力的保障。

四、内地国有公司治理结构的主要问题

(一)政企不分、多头管理

一方面,国资委仍然象管理政府官员一样管理国有企业领导人,相当的行政级别仍然存在,任免和调动基本上是行政化的。国资委对企业的行政干预还很多,对企业投资、并购、经营等设置较为繁琐、僵化的制度,希望通过制度去管理企业,仍带有较重的计划经济色彩。比如转让国有资产需要公开挂牌,在资产评估的基础上设定最低转让价格等。

另一方面,存在巡视组、审计署、国企监事会、公司监事会等多层级监督机构,一定程度上影响了企业的决策效率,增加了运营成本。同时,发改委、商务部、财政部以及行业主管部门等对企业日常经营的监督和审批也无处不在。审批制严重降低了国有企业的竞争实力。

(二)一股独大,内部人控制

国家的一些产业政策和准入门槛,排斥非国有经济的参与,导致国有企业长期一股独大,无法引入战略投资者,企业整体缺乏活力和动力。

国资委等监管部门对企业实行"制度式"管理,导致重形式、轻实质,加之信息不对称等问题,造成多级监管均无法落实,国有企业内部人控制问题大量存在,如近期曝光的三峡集团违规采购、华润集团低价收购等问题,均

不同程度上反映了内部人控制的弊端。

（三）董事会、监事会发挥作用有限

董事、监事的知识和经验不足，难以对企业的战略及监管发挥重要影响。多数董事、监事都是退休的政府高官和传统国有企业的负责人，董事、监事的职业化程度不高，信托责任不到位。国资委对董事会、监事会的授权不够，董事会不能在经理层遴选和薪酬上发挥主要作用，监事会对企业重大违法违纪事件不承担失职责任，也严重削弱了监事会的作用。

五、完善国有公司治理结构的建议

（一）采取混合所有制，改善公司资本结构

推行混合所有制，对于加快国有企业改革具有现实意义。一是企业管理分生产管理、经营管理和资本管理三个层次，从放大国有资本功能看，以资本运营为核心的资本管理是最有效率的企业管理环节，发展混合所有制有利于推进国有资产监管体系由"管资产"向"管资本"转变，国家可以通过少量的国有资本利用"杠杆"操作大量社会资产，使整个国民经济发展不偏离于整体社会经济目标，同时实现国有资本保值增值；二是混合所有制改变了国有企业仅仅作为单一国有经济利益载体的格局，为实现政企分开创造了产权条件。

建议加快推进国有企业特别是母公司层面的公司制股份制改革，进一步优化国有企业的股权结构。主要采取以下四种形式：第一，涉及到国家安全的少数国有企业和国有资本投资公司、国有资本运营公司，可以采用国有独资的形式。第二，涉及国民经济命脉和重要行业和关键领域的国有企业，可以保持国有绝对控股。第三，涉及支柱产业、高新技术产业等行业的重要国有企业，可以保持国有相对控股。第四，国有资本不需要控制可以由社会资本控股的国有企业，可以采取国有参股的形式，或者是可以全部退出。

（二）以管资本为主，加快转变国资委职能

一是积极组建国有资本运营公司，组建国有资本投资运营公司后，国资委将来主要通过这些公司管资本，不再具体管理企业经营事务。这符合十八届三中全会《决定》提出的"以管资本为主加强国有资产监管，改革国有资本授权经营体制，组建若干国有资本运营公司"的政策。建立国有资本运营、投资公司，可以带来两方面的变化：①提升国有企业的治理水平。由投资平台来持持国有股权，有利于推进国有企业的股权多元化，建立有效率的董事会。②提高国有股权的流动性。国有资本运营、投资公司可以通过对持股企业股权的增减，实现股权在各国有企业间的重新配置，使国有股权流动起来。通过流动，既实现了国有资本的布局调整，又促进了国有资产的保值增值。

二是从"管人、管事、管资产"向"管资本"转变，在"管资本"的定位下，国资委行使出资人职责，需要按照法律规范和符合公司治理原则的股东定位来开展。具体表现为：凡属于董事会的权责，交给董事会行使。国资委在股东大会或股东权限范围内决定董事会成员的选任、考核、薪酬，在企业战略、财务绩效等层面以发挥股东的知情权、监督权和绩效评估等作用。简言之，国资委将以真正的股东身份来行使股权，由管企业领导层向管董事会的国有股东代表转变。⑤

国际工程技术资料管理工作谈

汪莹滢

（中建海外中东有限公司 迪拜，阿联酋）

摘　要： 技术资料管理的内容主要包括对外报审资料（主要指业主、监理方面的资料和信函）的收发，对内文件资料（主要指包括项目内各部门，以及分包商的资料和沟通信函）的收发。本文对在国际工程项目管理中的技术资料管理工作做了详细介绍。

关键词： 国际工程；技术资料；内部；外部；管理

随着建筑市场的迅猛发展，国内外建筑业的不断规范，做好建筑工程资料管理工作显得越来越重要。整体来说，国际工程技术资料是记载项目施工活动全过程的一项重要内容。做好工程技术资料管理工作，能真实有效地反映工程的实际情况；能及时完整地提供必要的技术支持；更能积极主动地搭起技术部与工程部、合约部、安全部等部门和各施工队伍之间的沟通桥梁。因此从某种意义上讲，管理好工程资料与建设好工程具有同等重要的价值。本文就搞好工程技术资料管理工作谈一些体会，并简单介绍国际工程常见技术资料的中英文名。

1 国际工程技术资料员的工作职责

正确理解资料员（Document Controller）的工作职责有助于深入了解资料管理的具体要求，掌握日常工作的相关环节要点，确保工作的细致到位。

1.1 资料员的定义

资料员的工作既不是对日常文件的简单复印，也不是将文件普通收发。实际上，资料员的工作集合了对整个项目技术资料工作的统一管理，对于日常资料文件处理讲究条例性、及

时性和完整性。

1.2 国际工程技术资料员的工作要求

资料员的工作不是单会电脑操作就可以做的，懂电脑操作是开展资料管理工作的基础。在国际工程技术资料管理中，还要确保资料员有较好的英文水平，才得以从容处理各类往来文件。同时需要了解建筑工程技术资料和监理业主等基本知识才知道要处理什么资料；了解基本建设程序才能知道这些文件是什么，有什么用，资料之间有什么联系；了解文书知识才能知道怎么收文，怎么处理文件；了解档案管理知识才能懂得怎么整理文件。具体来说，资料员的工作特点是讲效率和重沟通。

1.2.1 讲效率——提倡及时收集，及时整理

及时性是做好技术资料管理的前提。技术资料应随着工程进展而及时收集、及时整理，杜绝事后突击整理资料的做法。及时收集、及时整理可以对存在问题及时处理，不足的可以及时补上。及时收集、及时整理，资料的连续性、系统性好，差错少；突击整理则连续性、系统性差，差错也多。

1.2.2 重沟通——做好承上启下工作

资料管理员一定要遵循领导的意图，对资

料收集、整理、分类；归档中存在的问题要及时向上级主管领导汇报。同时，资料员要充分调动技术部所有成员的积极性，要求大家都来参与和关心报审资料的收集、整理工作。广大技术工程师是报审资料的第一线人员，及时向他们收集资料并及时整理、上报，将结果向他们反馈，对其中需要进一步收集的数据向他们提出要求，确保原始资料的全面性和可靠性。

明确了资料员的工作要求，我们重点理清技术资料工作的管理思路，归纳资料的种类、形式，设定可行的管理办法。

2 国际工程项目技术资料的组成

工程技术资料就是指从工程项目立项后开始的图纸深化设计、现场施工、上报监理、业主的报审文件、日常内外往来信函等，直至竣工的全过程中形成的一系列应当归档保存的文件资料。

2.1 技术资料管理的工作内容

在国际工程项目中，技术资料管理工作从构成上讲，主要分为对外报审资料的收发、对内文件资料的收发以及与业主、监理和各分包商之间的沟通信函的收发。

2.1.1 外报审资料的收发

对外报审资料的收发，即向业主发文与收文；主要包括技术问题答疑 (Request For Information)、设计施工图纸 (Shop Drawing)、施工方案 (Method Statement)、技术方案 (Technical Proposal)、材料报审 (Pre-qualification & Material Submittal) 等由业主上报监理批准的各类文件。

2.1.2 对内文件资料的收发

对内文件资料的收发，即项目内部发文与收文；主要形式是技术交底 (Technical Explanation)、部门之间往来信函 (Internal Memo) 等各类书面文件的下发和接收。书信资料主要涵盖与业主、监理和各分包商沟通的来往书信的收发 (Outgoing Letter & Incoming Letter)。

2.2 资料管理工作流程

由于以上提及的技术资料的类别与功能的不同，现将资料管理工作流程表示如下：

2.2.1 对外收发文（向业主发文和收文；向分包商发文和收文）

（1）向业主发文 / 向分包商发文（图1）

（2）向业主收文 / 向分包商收文（图2）

2.2.2 对内收发文（即对项目内部 Internal Memo 的收发和技术交底的下发）

（1）对项目内部发文（图3）

（2）对项目内部收文（图4）

3 技术资料管理工作的规范化、条理化和档案化

拥有了清晰明确的工作流程，使我们的技术资料管理工作走向了规范化、条理化和档案化。

3.1 技术资料管理工作的规范化

首先在规范化上，就要求资料员必须做好工程技术资料的收集和记录。规范化的工作流程有效地保证了文件的及时传输；保障了项目承包商与业主、监理等多方的良好沟通。因此，文件目录索引记录在资料管理工作中扮演了一个十分重要的角色。一般来说，对外报审资料记录要清楚记载文件序列号 (Series No.)、编号 (Reference No.)、主题 (Description of Subject)、编制人 (Initiated By)、版本号 (Revision)、批复状态 (Status) 以及报审日期与批复日期 (Submission Date 与 Replied Date)。其中正确注明每份上报文件的版本号和批复状态尤为重要，因为这两项记录切实反映监理的批复意见，确保现场按照正确版本的图纸进行施工。对于往来信函的记录则要表明收发文件的来源和分类区别 (Client/Consultant/Sub-contractor Outgoing Letter 和 Incoming Letter) 以便在日常信件查找中目标明确，方便快捷。

3.2 技术资料管理工作的条理化

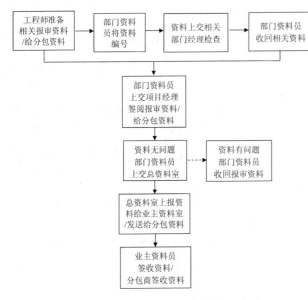

图 1　向业主发文 / 向分包商发文程序

从条理上讲，就是要求文件格式统一、内容表达正确，资料讲究仅仅有条。由于资料员每天都要编写不同类型的书面文件，例如报审资料封面、技术交底封面、内部发文封面或对外发函等，做好这些工作的重点在于文件模板的运用。通常情况下，工程师会将他们准备的报审资料或下发资料的初稿交给资料员，资料员可以套用正确的模板编辑相关文件，将文件编号，并且检查书写措词是否规范。在模板的辅助下，大大提高了文本编辑效率。另一方面，针对所有下发的技术交底，交底内容是图纸的必须加以盖章，标明是施工图纸还是参考图纸（For Construction 或 For Information）。拥有认真的态度，资料管理工作就能做到井然有序。

3.3　技术资料管理工作的档案化

说到档案化，就是将形式多样的文件分门别类进行归档，真正充当项目中存放各类文件和图纸资料的"图书馆"。下面就资料分类进行解析。

3.3.1　报审资料的分类

整体上说，所有报审资料的档案都要分为两个部分，上报资料和监理批复文件（Submission 和 Reply）。为了节约资料存放空间，建议资料

员保存所有上报资料的电子版（Soft copy）；所有监理批复文件保存书面资料（Hard copy）。在条件允许的情况下，可以将监理批复的文件封面进行扫描，制成电子版，以方便在日后工作中查找所需信息。

3.3.2　图纸的分类

在我们的技术资料管理中，图纸在整个施工过程中起到了举足轻重的关键作用。工作的第一步是先把图纸分为两大类管理：①结构图纸；②建筑图纸。有了这两个大方向以后，使得我们技术资料的归档工作方向明确，重点突出。如果一个项目的规模是好几栋塔楼，还要将各个塔楼的图纸也按结构和建筑两个大类分开保存。

具体来说，我们存放的图纸都是监理批复回来的施工图纸原件（Original Shop Drawing）。图纸批复状态（Action Status）共分五种：

（1）无条件批准（Approved，缩写为 APP）；

（2）有条件批准（Approved As Noted，缩写为 AAN）；

（3）有条件批准，并重新上报（Approved As Noted, Resubmit，缩写为 ANR）；

（4）没有需要（Not Required，缩写为 NR）；

（5）没有批准（Not Approved，缩写为 NA）。

熟悉了图纸批复状态，有助于资料员核对工程师下发的施工图纸正确与否，使得现场工作顺利进行，监理验收有章可查、有规可循。

3.3.3　其他

除此以外，工作中还会收到部分有关图纸的文件，例如前期技术工作需要的投标图纸（Tender Drawing）、合约图纸（Contract Drawing）、施工设计图纸（Construction Drawing）以及在日常工作中收到来自政府批准的相关板图（Slab）、梁图（Beam）和柱子图（Column）等。这些图纸的特

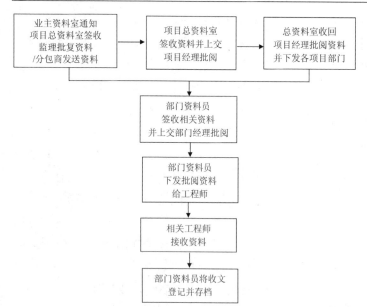

图2 向业主收文/向分包商收文程序

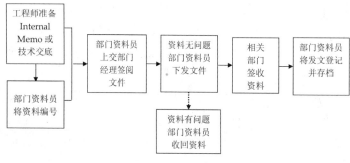

图3 对项目内部发文程序

点是涉及面广、数量多，比较实用的办法是将每份图纸以组卷的方法，并在图纸上贴上标签注明图纸名称，便于保管存放和日后查阅。

总之，技术资料和文件的分类方法多种多样，但不论采用何种分类方法，卷内要反映出文件的有机联系，卷外要有突出的特征。无论怎样分类，都以方便工作为原则，灵活处理，便于查找。

4 技术资料管理工作的注意事项

项目技术部是一个与项目内外各部门沟通的重要窗口，面对繁杂的技术资料管理工作，本文结合自身工作实践列举几个工作中需要注

意的问题：

4.1 收发资料的完整性

认真查收每份资料，尤其注意是否有附件，比如附加光盘或图纸。

4.2 报审资料的正确性

不同报审资料的人员审核栏内签字要齐全；上报资料的复印件要清晰；上报的图纸列表要与上报图纸名称一致；上报资料的附件上应一一注明页码号。

4.3 报审资料的妥善保管

对于监理的批复资料，如施工图纸(Shop Drawing)、施工方案(Method Statement)、供应商资质预审(Pre-qualification)、材料(Material)等。同一类型的文件需要按照相应的文件编号依次放入文件柜。面对数量繁多的报审资料，特别是图纸，建议自制一些纸盒存放，并在每个盒子粘贴标签和添加索引列表。

4.4 图纸的盖章

对待下发的图纸要加以盖章，避免混淆。常用印章有施工图纸(For Construction)，参考图纸(For Information 或者 For Reference)，已被取代图纸(Superseded)。

4.5 资料文件夹的名称书写

各类的收发文件需要大量文件夹存放，当同一类型的文件放入多个文件夹时，文件夹名称建议以文件夹一、文件夹二(File 1、File 2)予以区别。

4.6 资料文档和记录的检查更新

日常工作中，许多资料借阅频繁，资料员的一个重要职责是将借阅人员、借阅资料和借阅日期记载清楚；同时还要定期检查资料库内文件是否齐全。对于收发文件的登记，尤其是报审资料的批复记录要及时更新。

4.7 资料文件的共享

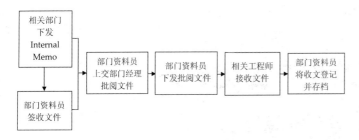

图4 对项目内部收文程序

由于技术资料的种类和数量繁多，为了方便工程师和相关施工人员在工作中查找所需文件，资料员在指定的计算机中建立一个共享文档，真正发挥资料管理的现实意义。

5. 结论

以上我们从面到点探讨了技术资料管理的注意事项，可以看出工程资料管理工作是工程建设过程中不可或缺的一项重要工作，是一项系统工程，是涉及各个专业技术部门的一项复合性工作。我们需要建立一套科学的文档管理系统来保证工程竣工资料完整、准确、系统、齐全，真实地记录和反映施工及验收的全过程。一名合格的资料管理员不仅应当掌握多方面的知识，并且需要不断加强自身业务能力和管理水平。只有这样才能保证形成一流的工程施工资料，从而为建设一流工程项目提供资料方面的保证。实际上，技术资料管理在现实工作中还会有许多细节方面的要求。资料员只要本着细心、耐心和专心的敬业精神对待本职工作，就能不断提高工作效率，逐步改进技术资料管理工作方法，使自己在工作道路上迈向一个新台阶。⑤

参考文献：

[1] 梁媛，聂娟.建筑工程资料管理教学初探.管理与财富，2009(3).

[2] 仪征，张保昌.论加强管道建设中工程资料的管理.大众科技，2005(11).

中国建筑学会工程管理研究分会2014年年会成功举办暨《工程管理年刊2014》隆重发布

2014年8月23至24日，"中国建筑学会工程管理研究分会2014年年会——BIM：工程管理变革与创新"在武汉成功举办，来自国内外高校、企业的330多名工程管理专家、学者及企业界专业人士集聚一堂。大会秉承务实与创新的理念，紧紧围绕BIM的发展与应用现状、BIM的前沿探索与研究，以及BIM的典型案例应用三个方面进行了广泛的交流和深入的探讨。我社沈元勤社长、房地产与建筑管理图书中心赵晓菲参加了会议。

大会隆重地举办了《工程管理年刊2014》的发布及赠书仪式，沈元勤社长对《工程管理年刊》系列图书自2011年创刊以来的出版情况进行了全面总结与回顾，介绍了年刊的内容及出版的意义，并向华中科技大学赠送了《工程管理年刊2014》。丁烈云理事长代表工程管理研究分会对我社多年来的大力支持表示感谢，对《工程管理年刊》高质量的出版给予了高度评价。

会上，丁烈云教授及来自美国马里兰大学、英国萨尔福德大学、新加坡国立大学、CIOB教育委员会、香港理工大学、清华大学、同济大学、韩国庆熙大学、美国北达科他州立大学的专家、学者，分别为与会者介绍了BIM在国内外的研究与应用状况。来自广州市建筑工程有限公司、中交二航局、深圳地铁有限公司等企业界专业人士也分别作了专题报告，分享了BIM在诸多重大工程中的实践体会。本次大会融合国内外的先进理念，将BIM的研究与应用紧密结合，给与会者带来了许多启示与思考，受到广泛欢迎。报告结束后，副理事长沈元勤社长代表工程管理研究分会作了大会总结。

建筑业农民工向产业化建筑工人
转型的探讨

李 雄

（中建新疆建工（集团）有限公司四川分公司，成都 610000）

一、引言

建筑业农民工是建设事业的主力军，是推进工业化、城镇化、现代化建设的重要力量，是全面建设小康社会的重要群体。但大部分农民工文化程度不高，技能水平偏低，持证上岗比例不高，未经系统性培训的人占绝大部分，与当今高速发展的建筑事业不相匹配。近几年建筑业出现的质量、安全生产问题、农民工维权、违法问题等也表明，必须更多关注农民工的素质修养。

二、建筑业农民工的基本含义和产业化建筑工人的含义

（一）农民工的含义

农民工是我国改革开放和工业化、城镇化进程中涌现的一支新型劳动大军，他们已成为产业工人的重要组成部分。他们建设城市，创造财富，为我国现代化建设作出了重大贡献。

一般地说，农民工是指户籍身份是农民，有承包土地，但主要从事非农产业，以工资为主要收入来源的人员。狭义的农民工一般是指跨地区外出进城的务工人员，广义的农民工既包括跨地区外出进城务工的人员，也包括在县域内的第二、三产业就业的农村劳动力。

（二）建筑行业农民工的含义

建筑业农民工是指具有农村户口，在农村拥有土地，但大部分时间里不从事农业生产，主要在建筑业出卖劳动力就业，以工资作为主要来源的农民工群体。主要分为两部分：一是没有进行过技能培训，只能从事简单体力劳动的体力型农民工，他们所占的比重很大，其收入低；二是受过一定程度的技能培训，持有上岗证，主要从事一些专业性较强的技能型农民工，这部分人所占比重较小，收入也较高。建筑施工项目具有时间紧、任务重、工作环境差、不需要核心技术、所操作的工作脏累等特点，必须保质保量按期完成特定的任务，短期内需要聚集成百上千、各个工种的施工人员，劳动力缺口在当前环境下只有靠雇佣农民工完成。

（三）产业化的含义

"产业化"是指某种产业在市场经济条件下，以行业需求为导向，以实现效益为目标，依靠专业服务和质量管理，形成系列化和品牌化的经营方式和组织形式。产业化本身是一个动态的过程，简而言之就是全面地市场化。

（四）产业化建筑工人的含义

产业化建筑工人就是接受过专业培训，拥有了各自的专业技能，成为企业的正式员工。他们的利益比农民工更能得到保障，享受与一

般市民在城市的同等待遇，工作更加稳定，对企业更加忠诚，并且可以享受到企业的福利，成为城镇居民，可以说已经脱离了"农民工"的范畴，这部分人就被称为产业化建筑工人。

三、建筑业与农民工

（一）建筑业是吸纳就业最多的领域之一

我国建筑业属于劳动密集型产业，能够容纳大量的就业人员，成为主要的就业部门之一，在整个国民经济就业人数的构成中占有较大比例，其容纳的就业人数占全社会劳动者人数的10%左右，为缓解我国的就业压力做出了重要贡献。

（二）农民工是建筑业最主要的劳动力

据调查，我国建筑业农民工占建筑从业总人数的80%左右，占建筑业一线人员的90%以上。不但在我国建筑技术水平不高的条件下，建筑业需要大量的劳动力，就是在发达国家，虽然建筑业的技术装备水平远远高于我国，也仍然需要大量的劳动力，这是因为在工业发达国家的国民经济中，建筑业仍然是工业技术相对落后的行业，机械化程度较低，仍需要一些手工操作和体力劳动来实现大部分的生产活动。因此，农民工将在未来很长的一段时间里继续扮演着建筑业劳动力的主要提供者的角色。

四、我国建筑业从业农民工存在的问题

（一）外出务工主要靠亲戚朋友介绍有组织外出，自发外出所占比例小

建筑业农民工由于居住集中、相对封闭而形成了一个特殊的群体。他们大多在25岁到50岁之间，已婚、有子女，文化程度以初中及以下为主，由于"上有老、下有小"，他们面临着巨大的压力，不得不到收入相对更高的城市出卖自己的劳动力。由于文化技能水平低下，这种劳动力也是极为廉价的。

（二）农民工就业较不稳定，流动性比较大

他们不仅在城市之间城乡之间流动，而且还在行业之间、单位之间流动，多数人不能稳定地长期地在一个地方干一个工作。一个建筑项目结束后，部分劳务队可能会立即将农民工解散或者将队伍调往其他项目继续作业，企业很难真正掌握临时工的情况并对其进行管理。另外。临时用工的档案不全，少数职工背景复杂，给企业的生产带来不安定因素，给企业的人员管理造成困难。

（三）文化素质不高，农民工在受教育程度上较为欠缺

多数农民工仅具有初中文化，小学和高中也占有一定比例，并且大多数农民工没有进行过培训，做起活来动手能力差，自我保护能力差。

（四）劳动就业缺乏平等性

与城市同龄劳动力相比，农民工素质普遍较低，加上一些体制条件的限制，绝大多数农民工只能从事技术含量低、苦、脏、累、重、有毒有害、高温等城市人很少问津的岗位。

（五）从业农民工安全意识不高

在建筑工地出现安全事故时，受到伤害的80%以上都是农民工群体，在现场会经常看到农民工有安全帽不戴，甚至当作现场临时凳子使用。现场吸烟现象更是屡见不鲜，这些都反映出农民工的安全意识有待提高。

（六）对建筑业忠诚度比较低

尤其在每年的农忙季节，他们不管工地的施工情况如何，都会坚决离开工地，这样就会不可避免的造成工期延误等问题。

（七）农民工的个人用工合同没能得到彻底解决

很多现场施工人员都是临时组建的农民工队伍，很多都没有与劳务公司签订用工合同，导致许多时候农民工的权益得不到保障。

五、 建筑施工企业面临的问题

（一）现场生产效率低

一方面，建筑施工本身就是一个劳动密集型产业，施工现场的很多作业都是靠手工操作，施工机械和设备主要用于土方开挖阶段和建筑施工材料的运输，适用范围很有限，施工现场的工厂化很难普及，难以从根本上替代和解决施工现场的手工操作问题。另一方面，劳动力主要来源于来自农村的农民工群体，没有接受过专业的训练，甚至有很多是第一次来施工现场，对各项要求一无所知，他们今天放下手中的农具，明天进城就变成建筑工人，他们的生疏的水平和淡漠的质量控制意识严重制约了他们的生产效率。

（二）出现"民工荒"

农民工作为建筑业劳动力的主要提供者，在某种意义上可以认为，建筑工程从图纸变为实物这一过程是通过农民工双手来实现的，因此工程的进度和质量很大程度上都是农民工决定的，对这一群体管理的好坏直接影响整个工程的质量。而当前，建筑业的"民工荒"越来越严重，尤其是具有专业技能的技术性工人，在调查中发现，大部分项目都存在农民工供不应求的现象。并且很多农民工都是第一次进入施工现场，对施工技术毫无经验。

（三）组织管理难度加大

建筑施工现场除了对工程项目进行合同管理、技术管理等管理内容外，更多的是对人的管理，尤其是对农民工这一群体的组织和管理。本身对人的管理就是难度最大的，对于那些文化程度普遍较低，素质不高的农民工群体，对其进行组织管理的难度更大了，很多农民工都没有明确的组织关系。每个农民工团体里都有若干个小团体，管理难度大大增加。

（四）施工安全的控制难度加大

当今在建筑施工中广泛使用农民工，既产生了可观的效益，同时也引出了许多的安全问题。农民工是推动社会经济发展的主要力量，为我国现代化建设作出了贡献。但是由于多种

原因，造成当前农民工整体文化素质较低，安全意识淡薄缺乏必要的安全知识和防范意识及自我保护能力，给建筑施工安全生产带来很大压力！据全国建筑施工安全生产形势报告，2006 年全国建筑业共发生事故 2224 起，死亡 538 人。其中，房屋建筑和市政工程共发生建筑事故 888 起，死亡 1048 人，占全国建筑业事故起数和死亡人数的 40% 和 41%。在发生的工伤事故中，农民工占到伤亡总数的 80% 以上。

六、 分析建筑业以及农民工存在问题的原因

（一）建筑工程施工自身具有明显特点

工程建设项目的完成，大部分工序主要靠人工操作去完成，其施工工程生产活动较之其他行业有明显不同的特点：手工作业多，作业时间长，体力消耗大，露天高空作业多，夏天热冬天冷，现场情况复杂多变，各工种同时上下交叉作业，多道工序纵横交插，许多工序都是在临时搭架的工作台上进行，这些特点是造成建筑施工企业安全事故多发的原因。

（二）农民工取证上岗率偏低

从事建筑业劳务的农民工都把从事建筑劳务看做是无奈之举，并不想长期干，也就必然产生培训无用的意识。并且大部分农民工安全意识差，维权意识薄弱，对参加教育培训的积极性不高。目前建筑业农民工通过培训持证（除特殊工种如防水、电焊工、电工、架子工等国家有强制要求外）上岗率极低，与国家建设部要求的"持证上岗率要达到 100%"相差甚远；技能等级及拥有技能等级的比例偏低；农民工未经培训就上岗的现象突出！

即使已经取得了上岗证和技能等级证的农民工，其实际培训的内容和效果与培训的目标和要求也是相差甚远，在有些地方甚至只发证不培训的现象也时有发生。

（三）农民工还没有真正成为城市生活中

的主人

尽管农民工目前已经成为城市建设队伍中的主力军，为现代化建设做出了重要贡献，但他们还不能享受到市民和工人阶级的同等权利。目前在经济发达地区，由于受到户籍限制、工作不稳定、缺乏社会保障、经济收入低及受教育程度低等因素影响，进城农民工在社会地位上明显低于普通市民，属于城市社会的中下阶层，缺乏向上流动的社会机制，缺少类似企业工会组织为他们反映呼声，更谈不上行使公民政治权利，参与民主生活，表达利益诉求。社会地位边缘化导致农民工长期游离于城市政治生活外，不利于他们形成对城市的认同感和归属感，削弱了农民工积极主人翁意识，主动性不强。目前从事建筑业劳务的农民工是干一天活拿一天的钱，如让他停下工来培训，虽然知道培训对自己有益但出于生存考虑也不愿意，即使把培训放到晚上，由于白天高强度的体力劳动，已经十分疲劳，仍然遭到抵制。

（四）施工企业对农民工教育责任不够

部分企业对农民工的教育重要性认识不足，积极性不高，仍然存在重生产、轻安全，重眼前利益，忽视安全教育、技能培训等一系列的问题。特别是农民工合同时间短、流动性大，不愿花费成本进行培训。个别企业对农民工的教育走过场，普遍存在基础薄弱、条件简陋、标准较低等问题；没有开发针对农民工特点的安全、技能等教育内容、教材，针对性不强。致使农民工的教育质量难以保证。

（五）国家对建筑业农民工的管理体系不健全

首先国家对建筑业的教育培训投入不足，经费落实不到位，目前没有建立农民工教育培训投入机制和渠道，谁来培训，如何培训，谁来为培训埋单，至今没有明确规定。一些培训机构无论在培训时间、地点的安排上，还是在培训师资、内容上都很难满足他们的这些非常

实际也是最基本的要求。没有从根本上解决农民工教育培训投入的问题。其次是没有明确规范农民工的流动行为。再加上现在住宅和城乡建设部对建筑业劳务分包企业资质设置的门槛太低，对承接工程的数量以及具体到每个工程上应持有工种等级证书从业人员比例都没有规定。并且劳务输入地的政府建设行政管理部门出于对当前建筑业农民工用工紧张的考虑，不敢对持证上岗率严格要求和管理，只有睁一只眼闭一只眼。这就为劳务包工头挂靠劳务分包企业提供了条件，因此建筑劳务企业和劳务包工头既缺乏内在需要、更缺乏外在压力，凡事都从降低成本考虑。

（六）监督管理机制不够完善

一是对培训机构的约束不够，考核欠规范，二是对高危作业安全教育监督检查仍然缺乏力度，教育培训机制没有形成。农民工培训涉及安全监管、劳动保障、工会、教育、建设、劳资、财务等多个部门，需要各个部门按照各自职能，相互配合才能做好。目前这种配合协调机制还没完全形成。三是建筑业是一个对劳务人员技术水平、文化程度要求相对较低，以及劳动量大、时间长、露天流动作业、高危险的艰苦行业，理应有相对较高的劳动报酬，但实际情况是国家对建筑材料价格已经放开，而劳务价格没有放开。农民工主要来源于贫困、偏僻地区，文化程度低、没有技能、年龄老化，即便是来源于贫困、偏僻地区的农民工也不愿长期在建筑业务工，一旦对城市熟悉下来、找到机会就"跳槽"，使建筑业民工荒日益显现、加剧。

七、建筑业农民工向产业化建筑工人转型的必要性

现阶段，建筑施工企业面临着环境的不断恶化，从业农民工的素质不升反降，因此我们必须加强规范农民工的管理，更多关注农民工，将建筑业农民工向建筑产业化工人转型形成一

套完善的统一的管理机制。

（一）产业化建筑工人不仅可以解决农村户籍问题，而且从名称上就消除了一定程度上的歧视

农民工已经成为当代产业工人主力军，在城市化中，农民工已经成为城市中不可或缺的一部分。但是农民工不同于农民，因为他们已经脱离土地，大部分的时间都在城市里生活、工作；农民工也不同于市民，因为他们还是农村户口。所以城乡二元体制让农民工处于城市与农村的边缘。户籍制度造成的不仅是"农民工"和"市民"这一称谓上的不同，依附在户籍制度上的公共服务、教育、医疗、福利等也和农民工无缘。这样，就造成了农民工在城市里许多新的问题，常常被人歧视，无论是从物质还是从精神上都背负着沉重的负担。同时也是农民工不能融入城市的原因。要想农民工在根本上有一个突破，还必须要解决"农民"还是"市民"的问题。因此，将农民工向产业化工人转型后，他们由农民工逐渐变成工人，变成市民，在城市中享受与市民、工人同样的待遇，让他们真正认同自己，意识到自己的价值得到了提升，让他们感到自己的存在对社会主义现代化建设是有必要的。他们对自己的工作就会变得更加积极主动。

（二）建筑农民工向产业化建筑工人转型使建筑农民工的就业、薪酬、教育、培训、医疗、福利等多个方面得到一定保障

建筑工人成为企业固定员工后，用人单位就对他们的生活等各方面给予更多的考虑，也更愿意为他们买保险，为他们解决生活问题，从而不仅解决用人单位的人力资源问题，并且为农民工的生活、医疗等提供了更多的保障。

（三）建筑业农民工向产业化建筑工人转型有利于农民工素质的提高

产业化工人在技能素质上就比一般的农民工的要求高，并且形成统一管理后更易于对他们进行职业技能的培养，有利于提高工人的专业水平。工人专业水平的提高必将带来建筑业技术水平的提高。

（四）建筑业农民工向产业化工人转型为企业的人力资源提供保障

建筑业农民工向产业化工人转型意味着建筑业农民工面向市场，形成竞争，这样不仅促使农民工提高素质，并且使企业为了留住人才，在各方面的福利形成了竞争。这样有利于改善建筑业农民工的就业环境，有利于留住工人，吸引年轻人选择建筑工人这个职业，从而解决建筑工人"断层"的问题和"民工荒"问题。有利于建筑企业留住骨干人才，一定程度上可以避免更多的短期农民工。推动建筑产业从量到质转变，逐步解决工人大量流动的问题，利于对建筑工人的监管。建筑工人在企业和城市稳定之后，也减少了因陌生人群的涌入给社会带来的不稳定因素。

（五）建筑业农民工向产业化建筑工人转型有利于提高建筑工程的质量以及减少安全事故的发生

农民工转型后，工人整体素质得到提高，责任心更强，生活幸福指数更高，同时对工人的培训教育力度更强，因此他们对质量和安全的意识也会大大提高，从而在实际施工中会更加重视。

八、结论

建筑施工产业是一个劳动密集型产业，劳动力的综合素质和业务技能水平对生产效率和过程质量的管控都起着非常重要的作用。而农民工是劳动力的主体，农民工面临着社会生活保障得不到完善的问题，建筑企业面临着农民工综合素质不高、专业技能不强、流动性大的等一系列问题，因此，建筑业农民工向产业化建筑工人转型有益于农民工的各项权利的保障，有益于建筑业向更高水品发展，同时也有益于社会主义和谐社会的建设。⑤

浅谈海外员工薪酬激励体系

徐伟涛

（中建股份海外事业部，北京 100125）

随着中国企业国际化的进程，越来越多的中国本土员工被外派至海外工作，中国企业包括中建在内开始面临全新的海外员工人力资源管理的挑战。然而，由于海外工作往往涉及许多不利条件，企业普遍面临员工外派困难，海外员工工作积极性低的问题。基于这样的客观情况，本文借助中建海外事业部（下文简称中建）多年来在海外市场的管理实践，并通过与多位外派海外工作员工的访谈反馈信息，对海外员工的薪酬激励体系进行初步的分析和讨论，以期从中提炼出海外人员薪酬激励政策的一些更具共性的解决办法。

一、海外员工薪酬设计讨论

以党的十一届三中全会为标志，我国改革开放已经走过 35 个年头。改革开放国策不仅意味国内市场的对外开放，同时也是中国企业涉足海外市场的起点。

中建总公司正是在改革开放国策下第一批走出国门的企业，中建的海外业务起步于 20 世纪 80 年代初，经过 30 余年在海外市场的探索与努力，目前已在阿尔及利亚、新加坡、美国、阿联酋、刚果（布）等 20 多个国家和地区常设有分支机构，海外业务覆盖北美、中东、东南亚及非洲等地区。

习近平总书记指出，改革开放必须坚持尊重人民群众的首创精神。企业的海外市场开拓与发展更是如此。

随着中国企业国际化的进程，越来越多的中国本土员工被外派至海外工作，如何在海外市场发展中形成一套行之有效的人力资源激励政策，充分发挥员工的积极性和创造性，形成海外人才梯队是重中之重。然而，由于海外工作往往涉及许多不利条件，企业普遍面临员工外派困难、海外员工工作积极性低的问题。其中，薪酬与福利作为大多数外派员工首要考虑的激励因素，是众多从事海外经营的中国企业首先需要调整和完善的一项工作。

在此，我们先来了解一下美国著名薪酬研究学者马尔托奇奥针对实施国际派遣计划的跨国公司所提出的四方面薪酬计划挑战：第一，成功的国际薪酬计划需要提升员工的海外工作兴趣，并鼓励他们承担海外任务。第二，设计较好的薪酬计划要减少员工的财务风险，并尽可能使员工及其家人在海外生活舒适。第三，在员工完成海外任务后，国际薪酬计划要促进员工向平常生活的平稳过渡。回国（repatriation）就是从国际工作和海外生活向国内工作和生活的过渡过程。第四，健全的海外薪酬计划有助于公司在海外低成本竞争战略和差异化竞争战略的实施。

上述四方面挑战对于中国企业的海外薪酬设计同样存在，但是中西方各个方面巨大的差异使得中国企业在实践中所面临的具体问题和解决办法却明显有所不同。通过对中建海外实践的了解，以及与海外员工的沟通与反馈，可以感受到中建公司面临着众多海外中资公司所普遍存在的一些员工外派的问题。

本文借鉴中建海外薪酬体系中的成功点和所遇问题进行分析和讨论，从海外员工的切身需求出发，提出对于海外员工薪酬设计的体会，以及海外员工的薪酬体系设计的一点设想。

1.1 薪酬目标确定

中资公司的海外经营所面临的境况是较为独特的，并且随着国内社会环境的变化也在发生着转变，这一点充分地显现在薪酬目标上。让我们从以下几个角度来探讨确定薪酬目标过程中应当做出那些考虑。

1.1.1 效率

薪酬目标的最终目的是要达到一定的经营目标，并需要与企业的竞争策略保持一致。

中建的海外业务正进入一个迅速发展的阶段。一方面，公司已经拥有了相对稳定的海外市场，同时业务仍具有扩张趋势；另一方面，其产品质量尚未达到国际领先水平，与同行业领先者仍存在差距，还需要在管理与产品质量上下功夫，以获得客户进一步的认可。

相应地，中建的薪酬体系与其海外经营战略具有高度相关性，薪酬的效率目标可以分解到下述三个方面：

第一，激励与导向目的。与海外市场的快速发展相适应，公司薪酬设计大幅向海外倾斜，海外收入达到国内收入的3~5倍。

第二，改进质量、提高绩效及客户满意度的目的。公司的薪酬体系中将"工程项目"实施的第一责任人，也是直接面对客户的项目经理群体的薪酬设计作为其薪酬体系的核心内容，并与业务绩效高度相关。

第三，促进市场开拓的目的。分支机构的主要责任人的薪酬体系设计中，合同额的考核占有重要比例，尤其对于新兴市场，以激励市场拓展的力度。

中建所面临的海外市场环境是大多数中资建筑企业，甚至可能是众多跨出国门的中资企业普遍面临的境况。因此，尽管笔者并不认同中建薪酬体系设计上完善地达到了上述目标，但仍着重提出并建议企业在设定海外薪酬目标的过程中给与慎重考虑。

1.1.2 公平

参考中建的薪酬实践，笔者认为海外员工薪酬目标公平性的达成应着重解决好以下几方面的问题：

第一，海外员工与国内员工的公平薪酬体系。中建在实践中借助海外薪酬调整比例（通过地区系数完成）来寻求员工的公平共识。从访谈结果来看，员工对于不同海外区域的薪酬提升比例基本认可，基本达到了国内外公平的目标。

第二，海外中国籍员工与外籍员工薪酬的公平性。中国市场人力成本相对较低，派驻海外员工尽管经过薪酬的调整后有了数倍的提升，但仍远低于一些发达国家专业人员的薪酬水平。当二者处于同一团队工作时，两者间的差距会引发严重的相对公平问题。当然，绝对保密的薪酬体系是可以很大程度上掩盖和削弱公平问题的存在，但对于绝大多数中资企业来讲，员工的个人收入几乎是无法做到彻底保密的。在中建的实践中，这一直是其海外薪酬公平目标难以解决的一个问题。

第三，海外不同工作内容、不同专业员工之间的公平薪酬体系。国内的市场环境与海外区别明显，对不同专业人员的需求与定位可能存在差异。在中建的海外实践中，不同专业序列的员工在海外的发展形成了不均衡的状态，其实质在于其职务与薪酬体系未能真正适用于海外环境，对于在海外工作的不同专业序列的员工存在不公平性。因此，分析海外与国内市场对于专业人员的定位与需求的差异，是保证薪酬公平目标的必要环节。

在薪酬设计中如何针对上述公平目标做出

相应的决策，将在后面进行探讨。

1.1.3 合法

合法目标在海外薪酬体系设计中应给予关注。对于不同的海外区域，达成这一目标所需考虑的因素会有所不同，通常在较为发达地区会显得更为复杂。

目前在各个发达地区普遍存在较为严格的工作资格要求条件，如新加坡、美国等地，企业聘请外籍员工的最低薪酬与签证类型直接挂钩，进行严格限制。相对来讲，落后国家对于外籍员工薪酬方面的要求则较为宽松，一般没有明确的限制。此外，税收政策在不同的国家也有所不同。

1.2 薪酬政策选择

1.2.1 内部一致性

内部一致性，关注的是组织的内部关系。在这里我们谈一下职务序列与海外薪酬体系之间的关系。

这涉及两方面薪酬目标的达成。一方面，如何满足企业内部不同工作内容、不同专业以及技能水平员工之间的公平性；另一方面，如何能够更有效地促进员工提高产品质量和工作绩效。表面上，这两方面内容对于企业的海外经营并无特别之处，因为所有企业的薪酬体系设计中都应达成上述的目标。但是在实际操作中，海外的薪酬设计却有其特殊之处。

对于前往海外拓展业务的中资企业，通常在国内都已发展多年，并具有了一定规模，自身已经拥有了一套较为完善的人力资源体系，尤其是职务系统和相应的薪酬体系，经过在国内市场多年的磨合，与企业的竞争战略和经营模式都能够较好地吻合。然而当企业向海外拓展时，这种原本成熟、且具有了较好的一致性的体系却很有可能转变为问题产生的原因。

不妨从中建的实际情况入手。近年来，海外项目上存在专业序列发展不均衡的情况，更多员工愿意选择合约或项目管理序列进行发展，

而不愿长期进行专业技术工作。事实上，中建的专业系列设计和相应的薪酬管理在中国国内是比较适用的。传统的国内建筑业，技术型员工在具体一个"工程项目"的实施过程起到重要的作用，地位也相对较高，然而在海外"工程项目"上，由于分包商群体专业化水平更高，相对来讲技术工程师的重要性有所下降，而合约估算人员在海外市场更为复杂的合同条件下，则在工程项目实施过程则发挥更明显的作用。在这样的市场环境下，相近资历的合约专业序列人员往往有更多的提升机会，继而形成专业序列发展的不均衡也就不足为奇了。此种境况的形成会在员工内部形成不公平的心态，进而影响员工工作绩效。

尽管在单一的工程项目上，技术人员作用有所下降，但从企业层面来讲，技术实力无疑对于建筑企业的市场竞争力有着重要的意义。对于技术型员工，大多数国际建筑化承包商在职位与职业发展方向的定位是专家型人才，同时辅以较高的薪酬水平，来平衡其职级提升空间的减少。这可能是中国企业未来的发展方向，但眼前却无法推行，否则很容易产生国内、国外同样专业序列员工薪酬体系不一致的问题。

因此，笔者认为在海外员工薪酬设计中，无论是职务系统还是相应的薪酬体系，在进行内部一致性的检索过程中，深入了解企业海外经营的市场环境，衡量各个职务体系在新的市场环境下所产生的变化趋势，进而在薪酬结构上做出调整，使得整个薪酬体系更加公平、有效。同时，所做出的调整同时要妥善处理与国内员工薪酬的关系，不能简单地照抄国外企业的处理办法。

1.2.2 外部竞争性

外部竞争性关注的是薪酬体系的竞争力。然而，当我们讨论的对象局限于一个企业的海外雇员时，这种竞争力会更为微妙。

在进行海外薪酬体系的设计时，将着眼点

设定于外部环境的中国企业是存在的，但主要是一些行业内的新兴企业，由于自身人力资源的局限性而不得不寻求外部资源，其薪酬水平的设定往往要大幅度超越竞争对手，形成明显的竞争力。例如主营业务为电信的华为公司，当主营业务在海外不断扩张时急需大量的土木建筑专业人员，因此在招募过程中即大幅提升了其薪酬外部竞争力，以倍于行业平均水平的薪酬聘用了一批有经验的海外建筑人员。

但更多的中国企业在进行海外薪酬的设计时，在竞争力的考虑上是针对于企业内部拟外派的员工。随着国内生活水平和薪资水平的提高，中国员工对于出国工作的意愿不断降低。因此，要用薪酬水平的提升来平衡海外工作给员工生活带来的不利之处，形成足够的吸引力，引导和鼓励员工出国工作。此外，福利方案也是海外薪酬体系中非常值得探讨的一项，对员工是否能够较为长期地投身海外发挥巨大的影响。

中建采用了与国内员工福利相一致的福利方案，同时加以补充来满足海外员工的切身需求。

海外员工具有共性的需求，但随着区域的差别会在生活需求上形成巨大差异，而共性的需求由于所处地区不同解决的办法可能也会相异，因此海外福利方案的设计一定要具有明确的地区针对性。除了国内必要的保险和公积金外，建议企业在进行海外福利方案设计中对以下方面给予着重考虑。

（1）带薪休假。休假的频次及假期的长度，不同地区应给予不同的考虑。考虑到旅途以及时差问题，海外假期不能够设置过短，否则会严重影响休假的质量而失去激励效果。

（2）医疗。不同海外区域医疗条件差异巨大，相应的福利方式应保证足够的效率。医疗保险在发达地区是最简单有效的办法，而在艰苦的地区，自备医疗队可能就显得必要了。另一方面，保证员工每年都能够享有必要的体检也是医疗福利中的重要内容。

（3）其他。居住、交通、通讯等都是海外薪酬体系中应细致考虑的福利内容。尤其对于一些公共交通受限的地区（发达地区和落后地区都可能存在），充分解决员工的出行问题可以很大程度上提高员工的生活质量。

总而言之，福利制度是否完整、有效，是员工能否长期稳定为企业服务，并在最大程度上完成对企业承诺非常有效的手段，甚至在特定条件下会超过薪酬水平对员工的工作绩效产生更大的影响。

1.2.3 薪酬管理

一些企业薪酬制定过程中很少听取基层员工和一线业务人员的意见，往往人力资源人员先行拟定出方案，再由公司高管审定后即推行出台。在国内环境下，基于大家对行业环境的熟悉程度，此种武断的薪酬设计程序或许不会产生巨大影响，但对于海外市场，缺少充分的调研，薪酬体系的设计则很可能南辕北辙，事与愿违了。

来自基层的声音，往往给海外的薪酬设计带来最简单却可能是最有效的解决方案。

1.3 外籍员工

在某些发达地区，迫于市场环境，一般在各个工程项目上都要聘用一些外籍员工。例如在阿联酋等中东地区，外籍雇员均为第三国员工，一般来自欧美或香港、新加坡等工程管理较为发达的地区，其薪酬水平取决于当地行业内国际人才市场的实际情况。外部竞争性决定了此类雇员的薪酬水平要远远高出类似岗位由国内外派海外的员工。当二者处于同一团队工作时，两者间的差距会引发严重的相对公平问题。

对此，笔者认为几乎无法找到一个完美的解决方案，但仍在此提出三点建议，希望可以降低这个问题所带来的危害。

第一，保密的薪酬体系。这或许可以很大程度上掩盖和削弱公平问题的存在，但对于绝大多数中资企业来讲，做到彻底保密很难。中建在实践中也试图采用这种办法，实际效率较低，但仍不失为解决问题的途径之一。

第二，将外籍员工融入到公司的薪酬体系中，同样设定工资级别，使用薪酬调整系数。薪酬额外高出部分可采用各种补贴的方式，如住房补贴、交通补贴等。此种办法与第一种办法在实质上是一致的，都试图通过某种操作办法来掩盖外籍员工过高收入的实际情况。因此，笔者对于这种办法也不抱有过高期望。

第三，笔者认为最有可能提高国内外派员工对于外籍员工薪酬认可程度的一种办法，就是严格控制外籍员工招募的环节，坚决聘用高端外籍人员。

在与中国外派员工的访谈中，笔者注意到他们最不能接受的是外籍员工在专业能力不具有明显优势的情况下，却获得了倍于国内外派员工的薪酬。这说明员工不能认可外籍员工的薪酬水平与其价值的不一致性。这一点可以从另外一个侧面加以佐证，那就是大家对几位资历最深、薪酬水平也最高的外籍员工意外地少有微词。基于此，笔者认为：既然外籍员工由于整个市场的薪酬水平必须要用高薪聘用，那么在其招募过程中就应当充分审视其专业水准和工作能力，雇佣那些最具经验、最有竞争力、对企业贡献最大的外籍员工，进而形成明显的价值优势。如果海外机构可以有效处理好外籍员工的招募环节，那么降低国内外派员工对外籍员工的排斥与抵触情绪就会成为可能。

二、应用探讨

前文针对海外薪酬设计的思路进行了探讨，并从海外员工的切身需求出发，围绕一套更可能激励员工投身海外工作的薪酬体系，从不同角度提出了建议。然而，针对于海外员工这样一个特殊的群体，如果缺少相辅相成的其他人力资源激励方案，薪酬体系不可能真正充分而有效地达到既定目标，更不可能完全解决

中国企业在海外所面对的人员窘况。

下面从海外员工的薪酬实践应用出发，简要讨论一些与海外薪酬设计紧密相关的人力资源激励方案，以期在实践中发挥出切实的作用。

2.1 员工培养及职业发展

海外员工所处的地域特殊性使海外机构的人力资源管理往往不能够同国内一样系统、完善，尤其是大多数员工在某个海外区域工作的期限一般在三年以内，这种人员的高流动性往往使分支机构负责人不重视人才的培养，容易让员工产生不为企业重视的感觉。此种心态会加深海外不利因素对员工的心理影响，尤其是有过海外工作经验的员工，易于对再次出国工作产生抵触情绪，长远来讲对企业的海外经营极为不利。

因此，员工的培养和职业发展规划对于意图发展海外业务的企业来讲至关重要。职业发展对员工个人而言，每个人都有从工作中得到成长、发展和满意的愿望和要求，并为实现这种愿望和要求，不断追求理想职业，设计着自己的职业目标和职业计划；而从企业组织的角度来看，应对员工制定的个人职业计划给以重视和鼓励，并结合组织的需求和发展，给员工以多方的指导，通过必要的培训、工作设计、晋升等手段，帮助员工实现个人的职业目标。

另一方面，是否具有长期在企业发展并提高的职业目标，也是国内派遣员工区别于外籍员工的关键。因此，如果能从员工长远发展的角度出发，帮助员工设立长远的职业规划，并在其成长过程中持续给予培养和关注，可以在一定程度上降低外派员工与第三国外籍员工"同岗不同酬"所带来的负面影响，提高员工海外工作的积极性。

海外员工远离家乡，无论所处地域物质条件如何，其内心则更加渴望一种家庭的感觉，渴望被认可。如果企业能够给予他们足够的关注，并重视海外员工职业生涯的发展，在他们

发展不同阶段通过各种沟通方式加以指导，不仅有助于海外员工实现个人的职业目标，更会给与员工强烈的归属感，使员工更有可能为企业长期服务，增强企业的凝聚力。

2.2　员工考核、晋升

对员工业绩的考核，不仅仅是发现问题、解决问题，更重要的是让员工有一种持续改进绩效的信心。如何做到从"就事论事"，转变到"论事励人"，是一件值得关注的问题。聪明的管理者将绩效评价看做是与员工沟通、使员工了解企业、希望他们有所作为的一个机会。尤其对于海外员工，认真而有效的考核过程，是企业给予员工的是一种真诚的关注，让他们更真实地感受到自身的价值，而善意的改进意见不仅能激励员工改进自身工作，更能够为身处海外的人注入一份工作的活力和海外工作的意愿。

事实上，海外员工的考核、晋升还有另外一个层面的作用。派遣海外的员工实际上具有一个普遍担心，那就是职业发展的连续性。由于员工不可能长期在同一海外机构工作，更可能的是在海外与国内交替工作，因此，在不同业务区域工作的经历是否能得到企业的实质性认可对于员工来讲是非常重要的。因此，员工的晋升和考核不应因为工作区域调整而忽视弱化，海外与国内统一的考核和晋升体系显得尤为必要，这是员工能够长期投身海外工作的一个基础。敷衍了事的考核过程很容易让员工丧失未来工作的信心，对海外工作形成抵触。

此外，合理而严谨的考核与晋升可以成为引导员工出国工作的激励手段。例如，针对海外员工缩短员工晋升的年限要求，又或者对于某些岗位的晋升设定必要的海外工作经历。当然相应规定必须谨慎，应考虑到企业内部的公平性。

2.3　企业文化

企业文化不仅很大程度上影响员工对于企业的归属感和满足感，更是员工工作的动力源泉，对于现代企业的重要性已不容置疑，在此就不做赘述。在此想从进行海外经营的企业出发，着重谈一下企业文化中的主导文化与分支文化。

主导文化是指某一组织大多数成员共同具有的核心价值观，他体现出该组织的特性。分支文化是指大型组织中由于部门的不同或地理区域的划分而形成的各种不同文化。一个组织的主导文化和分支文化并不是彼此分开的。某一部门的分支文化应是组织共同具有的核心价值观与本部门特有价值观的有机结合，也就是说，主导文化要渗透于分支文化并起指导作用。

客观上，从事海外经营的企业，尤其是中资企业，极易在企业内部形成多个分支文化而丧失主导文化。这是因为，海外机构的主要负责人往往在管辖区域具有非常大的行政权力，进而在当地形成与其价值观、性格特质和经营哲学相一致的企业文化，长期在该区域工作的员工自然会受其影响并逐渐适应。然而，基于海外工作高流动性的特点，这种散沙式的分支文化对多数员工会形成严重影响，一旦员工回国工作或调入其他海外机构工作，或者个人无法融入当地文化，或者无法被其他机构的管理者认可。这种情况对企业在海外的长期发展形成巨大的阻碍。

因此，企业主导文化的建设对于其海外经营有着重要的意义，主导文化与分支文化的结合处理不好的话，薪酬体系的公平和效率也就无从谈起了。

2.4　员工生活

外派海外员工的工作是辛苦的，生活较之国内也枯燥很多。希望企业都够对员工在海外的生活给予关心，积极地协助员工解决其海外工作所带来的生活问题。

以最受海外员工关注的家庭生活为例，在美国等相对发达地区，解决夫妻间的两地分居，帮助其配偶及子女办理相应签证，可能是一种非常好的处理方案。但在非洲艰（下转第71页）

浅析现代经济环境下建筑施工企业的现金流管理

王振南

（中国建筑第四工程局有限公司华东分公司，上海 100031）

摘　要： 现金流对于企业犹如血液之于人体，现金的周转情况对企业的生存与发展至关重要。作为国民支柱产业的建筑施工行业对资金集中度与依赖度远胜于其他行业。近年来，国家对房地产行业的不断调控，市场竞争的日趋激烈，材料人工成本上升等等无不促使建筑施工企业提高对企业现金流的管理水平，以促使企业稳健发展。

关键词： 建筑施工企业；现金流管理；现金预算管理

一、引言

自 2003 年来，中央紧缩"银根"、"地根"系列政策出台，2005 年的"国八条"和 2006 年的"国六条"颁布后，2007 年人行、银监会联合发布《国家加强商业性房地产信贷管理的通知》，2011 年起又颁布了"新国八条"和"新国五条"等，国家对房地产行业采取的一连串限购、信贷、货币及税收等调控政策，势必对房地产企业资金实力提出更高要求，无疑也将影响处于资金链下游的建筑施工企业。

现金流对于企业的重要性，就像血液对于人体机能正常运转的重要性一样，企业缺乏现金，就难免会出现偿债危机，最终走向倒闭。发达国家大多数破产企业在破产时账面仍是盈利的，导致破产的原因是现金流量不足。我国也有这样的例子，曾经是香港规模最大的投资银行百富勤公司和内地珠海极具实力的巨人公司，都是在盈利能力良好，但现金净流量不足

以偿还到期债务时，引发财务危机而陷入破产境地的。根据《中华人民共和国企业破产法》第二条的规定："企业法人不能清偿到期债务，并且资产不足以清偿全部债务或者明显缺乏清偿能力的，依照本法规定清理债务。"可见，良好的盈利能力并非企业得以持续健康发展的充分条件，是否拥有正常的现金流量才是企业持续经营的前提。

综上所述，安全稳定的现金流是企业的生存与发展的基础。因此面对现代经济形势，建筑施工企业需提升对现金流的管控能力，将现金流管理作为企业经营管理的重点，促进企业长远稳健发展。

二、建筑施工企业现金流管理概述

（一）建筑施工企业现金流管理概念

国际会计准则委员会（IASC）对现金流的定义为：现金流是指现金及现金等价物的流入流出。[①] 据此现金流量被划分为：现金流流入、

---

① 马红，糜仲春，《从现金流的角度预测上海公司的财务困境》[J]，《价值工程》，2004（3）。

现金流流出和现金净流量。现金流入增加企业资源，反映企业竞争能力的构成及未来竞争优势所在；现金流出一方面降低了企业的资源，另一方面可能是为企业获取更多资源或能力而付出的代价。

建筑施工企业的现金流管理是指运用预测、执行、控制和分析评价等手段，对当前或未来一定时期内现金流入流出的时间、数量进行一种全面而系统的管理活动，以最大限度地实现现金流量持续稳定的增长。同时，建筑施工企业经营活动集中反映在工程项目上，故而建筑施工企业在工程项目上的现金流管理就成为其现金流管理的一个重点。

（二）建筑施工企业现金流管理特点

不同于一般的生产经营企业，建筑施工企业生产经营对象为建设工程项目，企业活动是以建设工程项目为出发点、中心和归宿的。建筑施工企业具有建设周期长、不确定与风险程度高、市场供给缺乏弹性等特点。因行业的特殊性，建筑施工企业的现金流管理具有以下特点：

1. 现金流金额大

建筑施工企业建设规模大，项目实施过程中现金流的总额及单笔金额的规模也较大。大额的现金流入、流出都需要企业具有较强的资金流运作能力，因此如何合理预测和把握现金流流入、流出时间和数量是建筑施工单位现金流管理的重要内容。

2. 现金流周转时间长

一般企业从材料采购到产成品销售整个过程时间较短，现金回收周期也较短。建筑施工企业的建设周期较长，有时还要承受工程款的拖欠等问题，相对而言，现金流周转时间较长。

3. 现金流入以回收工程款为主

施工单位现金流主要是以回收工程款为主，所以及时回收工程款是保证施工企业现金流入的关键，但是在目前经济环境下，工程款的回收又是施工单位的一大难题。

（三）建筑施工企业现金流管理重要性

企业管理以财务管理为中心，财务管理以现金流管理为中心。[①] 现金流管理在财务管理中处于至关重要的地位，加强现金流管理有助于：

1. 维持企业日常经营，保证项目前期资金投入需要

现金是企业生产经营活动的第一要素。建筑施工企业从项目招投标到项目施工生产再到项目竣工决算整个过程无不需要涉及大量的现金，此外基于规模经济的渴望和对外扩张的需要，都对现金有着巨大需求。

2. 增强企业降低财务风险的能力

现金流比利润更能表明企业的偿债能力和生存能力，建筑施工企业资金需求除了依赖自有资金外，大部分都依赖于银行等金融机构的贷款，较高的负债比率增加了企业的财务风险。因此，建筑施工企业需平衡、管理好现金流，提高企业的偿债能力，防止资金链断裂。

3. 提高企业资金使用效率，降低财务成本

因建筑施工企业所需建设资金较高，且资金多来源于银行贷款，致使企业背负着相当大的利息负担，增加了额外的财务成本，并影响到企业的再投资。因此，建筑施工企业需重视对现金流的管理，以便提高项目资金使用效率，减少额外的财务成本。

三、A 施工企业现金流管理案例分析

（一）A 施工企业财务状况简介

A 施工企业是一家主营房产建设的国有施工企业，属于集团三级单位。2011 年主营业务收入 31.74 亿，2013 年主营业务收入已经增长到 40.75 亿，增幅达到 28.39%。A 施工企业

---

① 黄耿飞：《基于价值链的施工企业现金流管理研究》[硕士学位论文]，重庆大学建设管理与房地产学院,2011。

| 现金流量表金额（单位：万元） | | | 表1 |
项目	2013年	2012年	2011年
经营活动产生的现金流量净额	-11,191.35	-1,942.88	2,211.47
投资活动产生的现金流量净额	-22.13	-1,767.16	17.59
筹资活动产生的现金流量净额	28,553.19	9,324.10	0.00
现金及现金等价物净增加额	17,339.71	5,614.06	2,229.06

2011~2013年现金流状况如表1所示。

由表1可见，随着A施工企业的经营规模不断的扩大，其现金流量净额也逐年增加，但是其经营活动现金流量净额却逐年降低甚至为负。A施工企业经营规模扩大经营质量却下降了，其现金流管理还是存在急需解决的问题。

（二）A施工企业现金管理中存在的问题

虽然A施工企业提高了对现金流管理的重视程度，并且为了加强资金管理，采取了资金集中管理、统一核算等诸多措施，但纵观A施工企业整体状况，目前A施工企业的现金流管理主要存在以下问题：

1. 经营规模不断扩张，垫资施工情况普遍

当前建筑行业市场竞争日益激烈，施工企业处于价值链的劣势地位，为了发展规模，甚至有些单位以带资承包作为竞争手段承揽工程，助长了工程款拖欠数额的急剧增长，也加重了建筑施工企业生产经营的困难，最终可能导致建筑施工企业生产经营活动现金流量的入不敷出。A施工企业有46个在施项目，垫资项目有38个，垫资项目占比达到82.6%，垫资金额9.16亿元，占收入比达22.5%。如此庞大的垫资金额严重影响了A施工企业经营性现金流的质量。此外，投标保证金、履约保证金、材料预付款等是建筑施工企业开拓新市场，承建新项目所需要进行的必要支出，这些无疑占用了企业大量的流动资金，加大了企业的资金周转难度。

2. 工程结算滞后，工程款拖欠严重

| 应收款项明细表 | | | 表2 |
项目	2011年	2012年	2013年
应收款项（亿元）	8.45	14.37	14.65
其中：应收账款（亿元）	4.12	6.98	5.49
其他应收款（亿元）	0.23	0.21	0.13
已完工未结算（亿元）	4.33	7.39	9.16
营业收入（亿元）	31.72	37.20	40.75
应收款项占比营业收入（%）	26.64%	38.63%	35.95%

A施工企业2011~2013年应收款项情况如表2所示。

一般情况下，建筑施工企业每隔一段时间都会按完成的工程进度向业主单位结算工程款，但每次工程进度款中期支付所需要的众多资料，都需监理和业主等单位的重重把关审核并签字，经过严格的审批程序后，方可从业主单位财务部门收到相应的工程进度款。然而有些业主单位甚至会因种种原因故意拖延工程结算时间和工程款支付时间，使工程施工企业陷入财务困境。

从表2可见，A施工企业应收款项逐年增加，应收款项占收入比居高不下，已完工未结算增幅很大且金额很高，工程结算严重滞后，被拖欠工程款金额很高，资金被大量占用，已经影响了企业的经营质量。

3. 预算制度尚未健全，现金流管理有待完善

在现金流管理体系中，现金流预算是现金流管理的基础。很多建筑施工企业尚未建立健全预算管理制度，有的虽然有了预算制度，但预算没有成为企业组织经营活动的依据，有章不循，致预算成为摆设。首先，企业对于财务的事前管理认识不足。对现金流预算的编制，往往事前不认真预测企业各项目的现金流入、流出情况。其次，在编制预算的态度上，有的企业追求简化，只是简单抄列上期实际数据或对上期数据进行简单修补，没有真正从各项预算项目的实际情况出发来编制预算。第三，在编制现金流预算的方式上，目前主要是简单的静态编制预算，各种先进的预算编制方式并没有在企业中得到推广。如根据变化的市场情况推行弹性预算编制方式；根据企业内部强化长远战略管理的要求，克服预算编制的短期行为，推行动态编制方式等。总的来说就是资金严重缺乏统一的调度和运作管理，现金流预算停留在表面，流于形式，完全不能为公司战略规划和经营管理提供决策性依据和指导性建议。

四、提升 A 施工企业现金流管理的措施

（一）加强现金流回收管理，增强资产变现能力

A 施工企业面临一个重要难题就是现金流的回收，包括施工过程中的施工进度款、工程竣工验收后的工程结算款及保修期满后的保修金等，集中反映出应收账款的管理问题。A 施工企业的应收账款余额过大是导致企业资金周转困难的非常重要的原因，也是现金流管理的重点。

企业应收账款持有水平和回收状况除了受制于宏观经济环境和本行业整体发展情况外，很大程度上取决于企业制定的应收账款管理水平。为了加强现金流回收管理，A 施工企业可通过增加工程项目收入和减少呆账两方面来实现：

工程项目收入的增加，一是要增加工程项目实现额，主要靠增加项目承建数量，缩短施

工工期等实现；另外就是提高利润率，提高利润在项目收入中所占的比重。

呆账、坏账方面，目前与业主方面的总体思路是：对业主信誉调查，谨慎承接项目→严格签订项目合同→抓好工程进度款的拨付→及时办理竣工验收和决算→做好账龄分析，配置收账人员。

此外，还应积极采取如下措施：

1. 建立业主档案数据库，评级业主信誉

施工企业应有完备的业主档案，对业主的资信进行评级，及时跟踪了解业主资金状况，统计业主预期坏账损失率，以坏账损失率来制定业主的信用标准，制定企业承接项目的条件。当然信用标准定得过高，有利于企业降低违约风险，但会影响企业市场的拓展，信用标准过低会加大坏账风险。企业应综合考虑，制定合理的信用标准，谨慎承接项目，严格签订项目合同。

2. 建立应收账款回收反馈机制

控制工程款拖欠风险的关键是控制项目的在建过程。在发生工程款拖欠初期，除了口头催讨，更要善于发函告催讨，并做好催讨记录。在连续催讨无果或拖欠渐增的情况下，对在建项目应及时分析并采取措施。首先放慢施工进度，对后继资金明显不落实的则应坚决停建。停工手段是面对不按合同约定付款较为极端的手段，同时也是防止拖欠款不断增加的有效手段。

3. 加强应收款项的分析

施工企业应该及时关注每个项目应收款项的余额与组成。应收款项居高不下是业主方拖延工程款支付还是工程结算滞后的问题？业主方欠款是属于合同内欠款还是合同外欠款？每个项目都应分析自身应收款项的质量与增长速度，各项目占用公司资金的金额。施工企业要及时分析企业应收款项的总额及增长速度，企业整体垫资情况，平均收账期，应收款项的账

龄及收账的成本，及时关注应收款项的动态变化。然后根据具体的情况制定不同的收款措施，加强收款的效率，降低收款的成本。

4.对拖欠支付工程款提出索赔

这是争执最多也较为常见的索赔。一般合同中都明确规定工程款支付节点、时间及延期付款利息的利率要求。如果业主不按时支付中期工程进度款或工程结算款，承建方可按规定向业主索赔拖欠的工程款及利息，敦促业主及时偿付。对于严重拖欠工程款，导致建筑施工单位资金周转困难，影响工程进度，甚至引起终止合同严重结果，承建单位必须严肃提出索赔，甚至诉讼。

5.运用法律手段防止风险扩大

要敢于运用法律手段维护合法权益。当工程款支付发生纠纷而业主无法协商解决时，与业主对簿公堂往往是建筑施工企业在回收拖欠款中不得不采用的手段。

（二）加强资金集中管理，强化资金的统一管理和调配

企业集团的资金集中管理，是将整个集团的资金集中到集团总部，由总部统一调度、管理和运用。通过资金的集中管理，企业集团可以实现整个集团内的资金资源整合与宏观调配，提高资金使用效率，降低金融风险。

施工企业资金结算中心的建立应当按照企业自身管理层的设置和分公司及项目的分布情况来设置，并将其作为专门的负责管理资金的部门，强化"收支两条线"资金管理模式。

"收支两条线"要求各分支机构在内部银行设立两个账户（收入户和支出户），并规定所有收入的现金都必须进入收入户（外地分支机构的收入户资金还必须及时、足额地回笼到总部），收入户资金由集团资金结算中心统一管理；在支出环节上，根据"以收定支"原则，按照支出预算下达拨款总额，所有的货币性支出都必须从支出户里支付，支出户里的资金只

能根据一定的程序由收入户划拨而来，严禁现金坐支。

在该部门中，需要设立统一的风险预警机制、资金预算机制、资金使用监督机制、资金划拨审批机制。通过这种途径，施工企业可以对项目资金的使用情况进行全面的了解和掌握，从而可以对企业资金的使用效率进行整体的评价，并及时做出调配。

（三）加强现金预算管理

虽然中国从1998年起就要求上市公司在年报中对现金流进行披露，但目前国内大部分企业对现金流的管理还局限于通过现金流量表信息进行比率分析与趋势预测上，远远不能达到市场环境对企业的客观要求。现代财务管理更多反映在企业事前全面的资金预算、决策支持，事中的监督与控制，事后的总结与调整上，因此，伴随企业整个工作流程的现金预算管理就成为企业核心任务。

1.现金预算的编制程序

在建筑施工企业实施现金预算管理，应当遵循以下几个程序：第一，编制现金预算计划需要自下而上逐级进行；第二，审批预算时同样需要自上而下通过一定的方式进行；第三，预算调整程序需要严格执行；第四，建立严格的考核和监督制度。通过反复审核的各种预算最终应当提交给领导审批，预算一经审定并下发，财务部对预算集中控制，资金统一调配，按预算严格管理，各单位必须执行，在没有遇到特殊情况时，原则上是每半年调整一次。对于预算外支出，建立严格的审批制度，实行重点挖掘，严格把关，从而可以有效地管控企业的用款和筹资计划。

2.现金预算的编制与执行

现金预算应本着"量入为出、节约使用、保证重点"的原则编制。对编入预算的现金收支项目要认真分析，现金收入项目要确保按期落实，现金支出项目要逐笔研究，优先供应施

工生产和经营急需，施工垫资、购置施工机械设备等大额开支都要提出可行性研究报告，不但要看企业的财力，而且要充分考虑资金的供需情况，要把"以收定支"作为供应资金的依据。财务部门要及时给主管领导提供资金收支境况，为企业经营决策当好参谋。A施工企业资金主要分散在各在建项目，各项目部应按照公司统一要求，按月或者按旬编制货币资金收支情况表。通过此表可使企业的管理者及时掌握资金的来源和运用情况，了解本期收入多少工程款，并将资金用到哪些方面，使用是否合理，还有多少资金可以在下期安排使用。公司结合各项目的资金预算汇总生成公司总的资金预算，按照预算资金进行宏观控制。在预算实施过程中，A施工企业应加强对各项目资金预算执行情况的监控，将预算与实际结果定期对比，及时分析和控制预算差异，采取改进措施，确保预算的执行。A施工企业需用现金流预算对公司发展作出展望并为实现公司经营目标确定行为准则；现金预算确定公司投资规模程度，确定各项费用开支的标准和范围，使现金预算和行为深入到各项目及每项业务中去。

3. 现金预算的考核

A施工企业首先应该以企业主要领导为首建立预算管理委员会，具体负责预算的编制、调整、考核、监督、分析和报告。企业应颁布现金预算管理规范性文件，灌输现金预算管理意识。然后可以借鉴同行业企业的经验，以本企业的战略目标为前提，建立适合本企业发展的现金预算管理的流程与内容，制定相应的奖罚制度，确保预算的顺利实施。

五、结论

现代经济环境下，我国建筑施工企业面临的挑战越来越多：行业利润率越来越低、压价让利日趋严重、生产要素成本不断攀升、行业及区域壁垒加剧、行业人才和信息竞争激烈、

国内外潜在竞争者越来越多等，诸多因素致使企业资金压力越来越大。这就要求建筑施工企业对外加强市场的开拓，拓宽现金流入渠道；对内需要加强现金流管理的水平，加快现金流的回收，健全现金流预算管理，最大限度提高资金使用率，防范和分解潜在的经营风险，保证企业财务行为的最优化和经营活动的良性运转。

综上所述，做好现金流管理，可以使企业避免陷入"支付不能"的破产境地。建筑施工企业应当建立起风险预警机制、资金预算机制、资金使用监督机制、资金划拨审批机制，加强资金集中管理，强化资金的统一管理和调配。建筑施工企业特别应加强现金预算管理，包括完善本单位现金预算的编制程序、监督现金预算的执行情况并定期进行考核。此外，建筑施工企业应当建立业主档案数据库，评级业主的信誉，建立应收账款回收反馈和分析机制，及时用法律手段对拖欠支付工程款提出索赔，防止风险扩大。🄖

参考文献：

[1] 马红，糜仲春. 从现金流的角度预测上海公司的财务困境 [J]. 价值工程，2004(3).

[2] 黄耿飞. 基于价值链的施工企业现金流管理研究 [D]: [硕士学位论文]. 重庆大学建设管理与房地产学院，2011.

我国棚户区改造资金来源途径分析

罗 丹

（对外经济贸易大学国际经贸学院，北京 100029）

棚户区改造是中国政府为改造城镇危旧住房、改善困难家庭住房条件而推出的一项民心工程。在2014年3月的两会报告中，李克强总理指出，在今后一段时期，我国将着重解决"三个1亿人"问题，即促进约1亿农业转移人口落户城镇、改造约1亿人居住的城镇棚户区和城中村，和引导约1亿人在中西部地区就近城镇化。在2014年4月2日的国务院常务会议上，李克强总理着重部署了进一步发挥开发性金融对棚户区改造的支持作用。加快棚户区改造工程，既能改善民生，又能有效地拉动投资和促进消费，是以人为核心的新型城镇化的重要内容。

一、棚户区定义及产生原因

棚户区是指在城市建成区范围内、平房密度大、使用年限久、房屋质量差、人均建筑面积小、基础设施配套不齐全、交通不便利、治安和消防隐患大、环境卫生脏乱差的区域及"城中村"。

在我国，棚户区形成的直接原因有三：一是近代中国农民进城形成的非农业就业者低端聚居区；二是建国初期大规模工业化进程中生活设施发展滞后于生产发展所致；三是计划经济向改革开放时期转型过程中出现的规划缺失的结果。但究其根源，棚户区产生的根本原因是城市经济社会发展不均衡，而发展的不均衡则无一例外是在城市发展较为迅速或变革转型较为激烈的时期。

二、棚户区改造的意义

棚户区改造是测评我国城镇化质量和水平的核心指标之一，其将对我国消除城市内部日益突出的复合型二元结构，解决长期存在的区域发展不平衡问题具有重大现实意义。

（一）棚户区改造可以改善民生

实施棚户区改造的根本目的是改善群众的居住条件，兼顾完善城市功能、改善城市环境。据了解，各地对棚户区改造实行了"保底"安置，安置标准普遍达到了户均45平方米以上，保证了实施改造后群众居住水平都能明显提高，这体现了我国"以人为本"的科学发展观。

（二）棚户区改造可以稳增长、调结构

棚户区改造既是重大民生工程，也是重大发展工程，可以有效拉动投资、消费需求，带动相关产业发展，推进以人为核心的新型城镇化建设，破解城市二元结构，提高城镇化质量，让更多困难群众住进新居，为企业发展提供机遇，为扩大就业增添岗位，发挥助推经济，实现持续健康发展和民生不断改善的积极效应。

加大棚户区改造是当前"稳增长"的现实举措。今年，中央将经济增长的预期目标确定为7.5%左右，虽然兼顾了需要与可能，但在当前国内外形势错综复杂，经济结构面临深度调整，经济下行压力依然较大的情况下，实现这一增长目标难度无疑是加大。而在经济结构调整、产能大面积过剩的背景下，又不能盲目依

靠投资和刺激政策来"保增长",那无异于饮鸩止渴,并且会带来新的矛盾和问题。而加大棚户区改造力度,不仅可以有效改善困难群众的住房条件,缓解城市内部二元矛盾,提升城镇综合承载能力,还能有效带动相关行业的发展,发挥其"稳增长"的作用,从而促进经济平稳增长与社会和谐发展相一致。

除此之外,加快棚户区改造对于我国经济结构调整也大有裨益。调整经济结构最重要的是扩大内需,扩大内需的最大潜力又在于城镇化。而当前我们在推进城镇化建设过程中,城乡之间"二元结构"还没有得到根本改变,城镇内部"二元结构"现象又在显现,在不少城市一边是高楼大厦、一边又是低矮破旧的"棚户区"。因此,加快棚户区改造,加大这个领域的民生投入,本身就是结构调整,是转变增长方式的应有之义。

三、棚改面临资金问题

自棚户区改造以来,各地普遍采用先易后难的原则,现在尚未棚改的项目大多位于中西部地区、独立工矿区、资源枯竭型城市等偏远地带。相对曾经的棚改项目,现在需改造的项目难度更大。

2013年,李克强总理提出五年1000万套棚户区改造计划,预计所需资金至少2.5万亿元。2014年3月,住建部副部长齐骥表示2014年计划完成470万套棚户区改造,到2017年计划共完成1500万套,到2020年预计共完成3760万套,让1亿人搬出棚户区和城中村。按照完成1000万套棚改资金需要2.5亿元计算,今年计划完成470万套,所需资金至少1.17万亿元。4月末国开行划拨的1079亿元棚改贷款已经到位,再加上今年财政部在廉租房、合租房和棚改三项方面的财政拨款1158亿元(并非全部用于棚改项目),也只有2000亿元。资金匮乏将成为今年完成棚改指标的最大障碍。

四、如何解决资金问题

棚户区改造不是一个商业性的、盈利的项目。目前棚户区改造采取的办法并不是由政府完全承担,而是多方参与,把财政的资金、国开行政策金融、商业的地产公司和商业银行等多方面集中起来。棚户区改造实际上是一个社会公平正义的大问题,我们既要保证财政的相对支持,同时还要通过多种方式尽可能降低棚户区改造的融资成本。

在解决棚改资金难题方面,辽宁省十年棚改成为多地学习的标本。据媒体报道,辽宁官方资料显示,2005年至2011年间,棚户区改造直接融资总额732.46亿元,其中来自政府渠道的资金总额是283.21亿元,占比38.67%,市场渠道资金权重大约是56.33%,社会渠道资金权重大约是5%。从国家的角度看,中央政府的政策性资金和地方政府的市场性资金相结合的棚改模式向各地推广的意图明显。

(一)中央政府政策性资金——财政部和国家开发银行

1.财政部拨款

官方数据统计,2013年财政部下发用于棚改项目的资金为355亿元,按照同年完成304万套安置房来计算,平均每套房仅补贴1万元左右,补贴幅度可谓杯水车薪。在2011年5月24日,财政部和住建部联合发布了《关于切实落实保障性安居工程资金加快预算执行进度的通知》,通知中明确要求,"各地按照当年实际缴入国库的招标、拍卖、挂牌和协议出让国有土地使用权取得的土地出让收入,扣除相关规定项目后,严格按照不低于10%的比例安排资金,统筹用于保障性安居工程建设。"按照土地出让金的运用比例,2013年全国土地出让金为4.1万亿元,那么全国范围内就应有4100亿元用于保障房建设,现在财政部用于棚改的只有355亿元。综合而言,财政部的资金支持极其有限。

2. 国家开发银行贷款

过去棚户区改造的资金来源包括专项拨款、财政补贴，政策金融，而国开行所承担的主要是政策的金融。从目前的数据来看，国开行作为一个中国主要的政策性银行，它在棚户区改造的资金筹集方面担当了最主要的角色，现在它所提供的棚户区改造的贷款超过棚户区改造贷款余额的60%。2013年，国开行发放城镇化贷款9968亿元，接近该行当年人民币贷款发放的三分之二；发放棚户区改造专项贷款1060亿元，同比增长36%。

2014年4月2号，国务院总理李克强在主持召开国务院常务会议时提出，由国家开发银行成立专门机构，实行单独核算，采取市场化方式发行住宅金融专项债券，向邮储等金融机构和其他投资者筹资，鼓励商业银行、社保基金、保险机构等积极参与，重点用于支持棚改及城市基础设施等相关工程建设。2014年6月27号，银监会宣布已批复同意国家开发银行筹建住宅金融事业部，这标志着由国家开发银行成立专门机构支持棚户区改造的工作取得重大进展。中国版"住房银行"在建立棚户区改造提高民生的同时，也逐渐把地方政府从现在的土地财政里面解套出来。

国家开发银行住宅金融事业部的成立，一方面能够有效缓解棚户区改造相关工程建设的资金瓶颈制约，另一方面是促进社会协调发展的有效手段，对扩内需、转方式、促发展具有重要意义。截至目前，国开行累计发放棚户区改造贷款5903亿元，贷款余额4553亿元，支持总建设面积约6亿平方米，惠及棚户居民670万户。

梳理可知，住宅金融事业部主要有两种资金渠道，一是国开行带头，依托国家信用发行住宅金融转型债券；二是由国开行设立城镇化发展专项基金，引导商业银行、保险、社保等

社会资金参与包括棚改在内的城镇化建设。分析可知，国开行的主要资金渠道是第一种，依托国家信用发行债券。国开行带头成立住宅金融事业部，依靠国家信用吸纳资金，在本质上与国开行直接将资金贷给保障性安居工程并无区别，但这更能显示出中央和国开行对保障性安居工程的重视，也有利于后续优惠政策的出台。

但是，如何提高社会资本进入棚改等保障性安居工程的积极性成为住宅金融事业部吸纳资金的首要难题。在资金方面，由于商业银行等社会资本都是逐利机构，而保障性安居工程的利润普遍较低，棚改项目普遍开发周期比较长，对要确保利润的商业机构来说，要投入到棚改项目中还是比较慎重的。

此外，"住房银行"体现了适时适度精准的调控新思路，但作为金融市场的优质投资品种，其发行的住房债券在我国均尚属空白。因此建议，对具有公益性质的低风险、高信用债券品种，应予以类似国债的税收优惠，简化交易手续，鼓励商业银行、社保基金、保险机构等乃至个人投资参与。降低市场资金成本也是国开行面临的重要问题，国开行的住宅金融事业部发债成本比较高，如果还本付息不能得到保障将会损害资金来源。所以，住房债券的核心的原则是市场运作和保本微利，这两个原则对棚改项目资金来源是至关重要的。

（二）地方政府——引导民间资本进入棚改项目

除中央财政将继续加大对棚户区改造的支持力度外，省级财政要相应增加投入，加大对困难市县棚户区改造的支持力度，市县财政应按规定渠道落实资金来源，综合运用补助、贴息等方式，引导信贷资金、民间资本参与棚户区改造工作，充分发挥财政资金杠杆效应。其中，省级财政和市县财政补贴有限，引导社会资金进入棚改是地方政府工作的重中之重。

为提高房企和社会资金进入棚改的积极性，在2013年6月26日的国务院常务会议上，李克强总理提出了6项政策支持棚户区改造。其内容主要包括：一、增加财政投入；二、引导金融机构加大对棚户区改造的信贷支持；三、对企业用于政府统一组织的棚户区改造支出，准予在所得税前扣除；四、落实相关政策措施，鼓励和引导民间资本通过投资参股、委托代建等形式参与棚户区改造；五、加大供地支持，将棚户区改造安置住房用地纳入当地土地供应计划优先安排；六、完善安置补偿政策，实施实物安置与货币补偿相结合，由居民自愿选择。

（一）地方政府和企业发债

2014年3月6日，陕煤化集团发行20亿元公司债，用于公司下属老煤炭生产基地的棚户区改造，这是一例创新，发改委对此表示支持。

发改委在2014年5月发布了《关于创新债券融资方式扎实推进棚户区改造建设有关问题的通知》，通知称将推进企业债券品种创新，推出棚户区改造项目收益债券。这是发改委在棚户区改造的相关文件中首次提出"项目收益债券"这一概念。这一债券类似于市政债的项目债券，棚户区改造项目涉及到的土地开发、房款缴纳会形成一定收益，可以用来偿还债券本金及利息。此次通知还提出增加棚改相关的城投发债规模、放宽棚改概念企业债发行条件、扩大贷债范围等措施。

（二）房企与开发商参与市场化运作

"政府主导、市场运作"是棚户区改造的一大原则。政府除了鼓励地方实行财政补贴、税费减免、土地出让收益返还等优惠政策外，还允许在改造项目里，配套建设一定比例的商业服务设施和商品住房，支持让渡部分政府收益，吸引开发企业参与棚户区改造，此举既使得原棚户区居民能享受到更好的公共服务，还可以缓解政府筹资压力，提高改造效率。

据了解，现在开发商参与棚改的方式主要有两种：一是委托代建，即地方政府出钱，开发商来建，然后地方政府给予开发商代建费；二是地方政府、银行和房企进行合作，政府出地、银行出钱、开发商建设，建设完成后依照协议，政府给予开发商回报。现在第二种方式比较常见，就利润来说两者相差无几。而从房企参与保障房建设的案例来看，房企的利润率一般在3%~5%左右。如果政府希望将更多资金引入保障性安居工程，需要采取措施使房企等市场主体的利润率达到10%左右。此外，由于棚改是惠民工程，政府在项目规划、房价上都有诸多限制。如果采用市场化运作，开发商在房价、容积率和整体规划上将会有决定权，通过调整规划增加利润，再加上政府补贴、税收等优惠政策，就可以调动房企和商业金融机构的积极性。在税费优惠方面，可以对棚户区改造免收各项行政事业性收费和政府性基金。对棚户区改造中的安置住房建设用地，实行划拨方式供应，除依法支付征地补偿和拆迁补偿费用外，免缴土地出让收入。对棚户区改造涉及的营业税、房产税、城镇土地使用税、土地增值税、印花税、契税等，严格按现行规定实行减免优惠政策。将企业用于符合条件的棚户区改造支出的所得税税前扣除政策，由国有企业扩大到所有企业，以充分调动各类企业参与棚户区改造的积极性。综合而言，想引导民间资本支持棚改项目，一定要让其有利润可图。

（三）招商引资发展综合性产业

以北京市门头沟为例，门头沟区委在2010年成立招商促进局，在短短一年内，与中建股份、京投银泰、新华水利水电等企业签署投资协议，先后引进各类项目81个，涵盖了棚户区旧村改造和城市综合开发、沟域经济、商务服务、旅游度假等多个方面。通过加大招商引资的力度，一方面解决了门头沟棚户区改造所需要的资金，另一方面还将通过发展产业的方式提升区域价值。综合而言，门头沟区通过发展产业的方式，拓展棚户区改造的资金来源，也是一种有效的融资方式。

五、结论

棚户区改造是一项惠国惠民的大工程，棚改项目在很大程度上影响我国城镇化建设的进程。在棚改项目资金来源匮乏的情况下，国家在财政和政策性金融上予以了支持，其中国家开发银行住宅金融事业部的成立为棚改提供了资金来源渠道。除中央的政策性资金外，地方政府的市场性资金也起到了重要的作用，地方政府可以通过发债、市场化运作和招商引资的方式吸收资金，同时拓展新的渠道，力保棚户区改造顺利进行，为早日实现中国梦而共同奋斗。⑤

参考文献：

[1] 杨志锦．地方政府今年棚户区改造存千亿资金缺口．21世纪经济报告．2014-05-20.

[2] 发改办财金[2014]1047号．国家发展改革委办公厅关于创新债券融资方式扎实推进棚户区改造建设有关问题的通知．

[3] 向松祚．棚户区改造需防资金被挪用．人民网2014-05-08.

[4] 棚户区改造，万亿资金哪里来．东方财富网：2014-05-06.

[5] 门头沟采空棚户区改造探索资金新来源．中国经济时报．2011-08-29.

专业视角 全方位解读 最新修订

《新版建设工程合同（示范文本）解读大全》

张正勤 编著

在工程法律实践中，很多纠纷都与合同的签订及履行相关。虽然住房和城乡建设部等有关部门先后制定发布了一系列合同示范文本，但合同当事人对示范文本理解不到位，不能很好地与实际工程情况相结合，合法权益得不到维护的现象仍旧很多。

针对这一问题，本书作者张正勤律师结合多年的建设工程法律工作实践，在2012年出版了《建设工程合同（示范文本）解读大全》，并得到了非常好的读者反馈。随着《建设工程监理合同（示范文本）》、《建设工程施工合同（示范文本）》的更新，本书作者将书稿内容进行了修订。

本书以专业律师的视角，逐一对现行建设工程合同示范文本的条款进行全方位解读，并从实践角度出发，对读者签订及履行合同中需要注意的问题提出了中肯的建议和提醒。此外，本书在各合同示范文本后，均给出了相应的建议合同，可供读者直接参考使用。本书主要包括以下合同文本：

· 《建设工程勘察合同（示范文本）》GF-2000-0203

· 《建设工程设计合同（示范文本）》GF-2000-0209

· 《建设工程施工合同（示范文本）》GF-2013-0201（最新）

· 《建设工程施工专业分包合同（示范文本）》GF-2003-0213

· 《建设工程施工劳务分包合同（示范文本）》GF-2003-0214

· 《建设工程监理合同（示范文本）》GF-2012-0202（最新）

· 《建设工程造价咨询合同（示范文本）》GF—2002-0212

· 《工程建设项目招标代理合同示范文本》GF-2005-0215

· 《建设项目工程总承包合同示范文本（试行）》GF-2011-0216（最新）

本书的特点是：

· 针对合同示范文本，有的放矢。

· 专业律师视角，权威实用。

· 对照原文，逐条解读，便于查找。

· 标注相关法条原文，可对照使用。

· 推荐合同，可直接选用。

· 实时更新，服务增值。

希望本书对读者拟定、洽谈、签订及履行建设工程合同、解决合同履行中遇到的问题、处理合同纠纷等起到很好的参考作用。本书可供业主、勘察设计方、监理、造价咨询单位及施工、承包方的相关管理人员及法律工作者参考使用，也可作为高等院校相关专业师生参考用书。

高温状况下的桥梁预应力孔道压浆 *

宋志平，刘永浩，王力尚

（中建海外中东有限公司 迪拜，阿联酋）

桥梁的预应力孔道压浆是桥梁上部结构施工的最后一道工序，由于目前施工工艺成熟，往往容易被施工人员所忽视。可是，灌浆效果的好坏，对桥梁结构的承载力和耐久性有着极为重要的影响，且其施工过程受外界环境影响较大，尤其是在日间平均温度40℃以上，夜间温度在30℃以上的高温地区，施工环境恶劣，如何在此高温状况下完成孔道压浆施工是本文要重点阐明的内容。

本文将以阿联酋迪拜地区施工的桥梁结构孔道压浆操作过程为例进行说明，迪拜地区每年从6月份到10月份为夏季，平均最高气温达40℃以上，混凝土桥面温度达50℃左右，预应力孔道内的温度更高达70℃，即使在夜间施工混凝土温度仍高达30℃以上，孔道温度50℃，这种条件在国内基本是很少遇见的。

1 高温地区压浆施工前的准备工作

灌浆施工，重在准备。灌浆施工本身过程相对简单，技术难度不高，但是需要做大量繁琐的准备工作。准备工作是否充分与灌浆施工能否顺利进行息息相关。事前做好周密细致的准备工作，则施工时自然水到渠成。灌浆施工准备包括材料准备、现场准备、设备准备、队伍准备及技术准备五个方面。

1.1 材料准备

阿联酋预应力桥梁灌浆材料为水泥浆，参照英国标准，由水泥、外加剂及水按配比拌合而成，材料应不含氯化物、硫化物及硝酸盐，浆液自由膨胀率不得超过10%。

（1）材料标准要求：水泥采用硅酸盐水泥（OPC），标准符合BS12 Class 42.5N。外加剂采用混合型，由减水剂、膨胀剂、缓凝剂以及改善浆液流动性与降低浆液沁水性的成分组成，应符合BS 5075要求。拌合用水采用洁净的饮用淡水，需检测氯化物含量，应符合BS 3148标准。水泥应于阴凉干燥处存放并在有效期内使用，通常情况下存放期不得超过六个月，发硬结块水泥不得使用。

（2）材料降温措施：根据当地施工规范的要求，孔道压浆时，浆体拌制完成后的温度要求小于25℃。为使材料的温度满足施工要求，必须将水泥、外加剂提前1天放入配有空调的集装箱储存，空调温度保持在16℃左右，确保进入搅拌桶的水泥温度不高于20℃；搅拌用水：搅拌水在现场蓄水罐中储存，最好是在灌浆当天太阳落山后将水注入罐中，避免日间阳光照射后水温很高，搅拌前测定水温，倒入大冰块降温至10℃以下。

1.2 施工现场准备

灌浆施工应在预应力束张拉结束后7日内进行，但张拉结束12小时内不得进行灌浆施工。

* 中建股份科研项目资助（CSCEC-2011-C-04）

张拉结束后应将管道端部堵塞，防止空气、水分进入腐蚀钢绞线，直至灌浆时方可取出堵头。

灌浆前应对箱梁内部，特别是大梁、小梁及锚头附近的混凝土面进行检查，对于破损处及蜂窝麻面等用修补水泥进行处理，防止灌浆时出现漏浆现象。这与国内通常先压浆后封锚的施工方法不同，当地预应力施工顺序为：先浇筑锚端混凝土后压浆。封锚时因锚头处张拉管密集且预应力束已张拉，混凝土振捣较为谨慎，加上锚头区窄小，不易振捣到位，是最容易漏浆的部位。应在压浆24小时之前用修补水泥对锚端面仔细修补，待修补水泥强度充分增长后方可进行灌浆施工。

灌浆段混凝土表面处理完成后，应对管道进行通畅性检查。用空压机从进浆口向管道输送高压空气，在各排水孔、排气孔及出浆孔检查管道是否通畅。

灌浆施工前搅拌机、压浆机及空压机应吊装上桥，在进浆口附近布置并试运行正常。在搅拌机进料口侧用钢管、木板搭设送料平台。搅拌机附近放置小型贮水罐（1000GL）一个，与桥下大型贮水罐（5000GL）相连。小型贮水罐半水，大型贮水罐满水，可保证一个台班的灌浆施工，如长时间连续施工则需加设贮水罐。

灌浆施工多在夜间进行，灌浆开始前应做好现场照明工作，搅拌机、压浆机启动时瞬时电流较大，与照明线路应连至不同的发电机，防止设备启动时断电。

阿联酋除冬季外其余季节温度高，即使夜间施工也难以控制浆液温度，冷却拌合用水是必要的手段。可采用自制冰块或购买冰块，因自制冰块速度较慢，且一次制备量难以满足灌浆施工需要，建议采用外购的方式。外购冰块应在灌浆开始前一小时左右进场，放在专门制作的大木箱中吊至桥上。根据用途不同和控制成本需要，选择大冰块及袋装碎冰混合购买的方式，冰块数量根据灌浆工作量确定。大冰块部分加入半满的小型贮水罐中以冷却拌合用水，其余冰块留置箱中备用。

1.3 施工机具准备

压浆施工的主要机具设备如图1所示。灌浆施工前，总包和分包方分别按合同约定准备机具设备并按要求布置到现场。通常分包队伍准备拌和机、压浆机、小贮水罐等专业机具；总包方提供空压机、大型贮水罐、吊车与举杆车等材料运输设备以及现场照明与用电设备。

阿联酋地处中东沙漠地区，每年除11月~次年3月期间气候较凉爽，其余各月普遍温度高，5月~9月白天温度高达40~50℃，夜间温度也多在30℃以上。因此热季灌浆施工应设置冷库贮藏水泥及外加剂。冷库可采用集装箱加装空调的形式，集装箱数量根据灌浆工程量及施工速度确定，应与水泥冷却时间及倒用数量匹配。

搅拌设备保温措施：为保持拌制好浆体的温度，搅拌罐外设置夹层，放入冰水或冰块起到降温的作用。

各类设备应预先调试保证正常工作。用电设备功率应能满足施工要求。施工区域内或邻近施工区应配有必要的备用设备（图2），遇突发情况进行应急处理。

1.4 人员准备

国际工程中预应力施工需要具备资质的专业施工队伍来完成，这一点与国内是一致的。因此作为非属地化的承包商，张拉及灌浆施工

图1 压浆施工的主要机具设备

图2 施工现场机具

通常作为一个整体项目，委托当地专业队伍进行，选择符合要求的分包队伍并提交监理批准是张拉及灌浆施工的首要工作。分包队伍经监理认可后应及时准备灌浆施工方案，并在正式施工前进行灌浆试验，确定必要参数报监理单位审批。

1.5 技术准备

灌浆施工前15天，由总包方向监理工程师提交施工方案，并同时提交水泥浆配比和7天强度检测报告，以及配比用各种材料（水泥、外加剂）的试验检测报告。在得到监理工程师的批复后及时反馈给专业分包，并通知现场工程师进行施工预控，按准备工作验收单的内容对分包的准备工作进行检查验收，检查无遗漏后确认签字进行施工。

2 施工过程

2.1 管道冲洗

经日间高温暴晒的混凝土梁体再加上水泥的水化热效应，管道内的温度高达70℃以上，即使是在夜间外部温度降到了30℃左右时，孔道内的温度依然能达到50℃左右，因此在灌浆前需要将孔道内的温度降低到40℃以下才能灌浆，而且降温措施也不能太早于灌浆施工，太早了容易使温度再次升高，一般在灌浆前准备出5~10个孔道，其他孔道降温冲洗随着灌浆一

起逐步进行。孔道降温采用水冲降温，水温一般控制在10℃左右，从孔道的高端注入，低端流出，低端设置收集水罐，流出的水可以储存在水罐中重复利用，每根管道一般需要冲洗10分钟以上，温度才能到达施工要求，冲水过程中要随时测定水温，待水温达到35℃左右停止冲水，用空压机吹尽管道内的水分。

2.2 浆体拌制

管道冲洗的同时开始拌浆材料的准备，将水泥、外加剂从冷库取出，用举杆车送至桥下，由吊车吊至送料平台上。管道冲洗完成三至四根后开始浆体拌制。

浆液拌制在搅拌机内进行，搅拌机的拌料筒应有刻度标识，根据浆液配合比先加水至指定刻度，然后按比例加入水泥和外加剂。浆液拌制应严格依照配合比要求，水泥、外加剂用量偏差不得超过2%，拌合用水用量偏差不得超过1%。水泥、外加剂应按重量计量，外加剂如为液体可用体积计量。浆液水灰比根据环境温度和所用拌浆材料通过试拌确定，在满足浆液塑性情况下应尽量减小用水，最大水灰比不应超过0.4。浆液最小搅拌时间通过试拌确定。

拌浆过程中，勤量测浆液温度，适时向小贮水罐内加入余下的大冰块，降低拌合用水温度。搅拌机侧面设有围槽，可将袋装碎冰贴搅拌桶壁放入围槽，可以达到降低浆液温度的效果。

拌好的浆液存放在储浆桶内。储浆桶内低速搅拌，防止浆液沉淀、结块。桶内浆液应适量，既要保持有足够数量浆液，以使每个孔道压浆能一次连续完成，又要控制一次拌浆量不要过多，尽量做到随拌随用，所拌浆液在30分钟内灌注完毕。

拌浆过程中工人在送料平台向搅拌筒内添加水泥及外加剂，利用吊车和举杆车由水泥冷库向送料平台运料。运料速度与压浆速度匹配，避免水泥长时间置于室外使温度上升。

2.3 压浆

拌制浆液足够灌满单根孔道时开始管道压浆。压浆应连续进行，浆液自梁一端压入，在梁的另一端流出，浆液压入前后均要检测浆液温度、流动性等指标。过程中要注意压力变化，一般状况下压力保持在 0.5~0.6MPa，最大不超过 1.0MPa。

张拉管孔道的每个波峰处设置排气管，波谷处设置排水管，排水管、排气管内径不小于 2cm，设置间距一般不应超过 15m。

曲线长孔道压浆程序为：入浆孔压入浆液→第一个波峰处排气管排出浆液，检测浆液温度、流动性合格后→堵塞第一波峰处排气管，向下一段灌浆→所有段灌浆完成，浆液从出浆孔排出，检测温度、流动性合格，封闭出浆口，保持不小于 0.5MPa 的稳压期 3 分钟，然后关闭入浆口，完成该孔道压浆。

入浆孔、出浆孔及各排气管处桥面敷设塑料布，避免浆液污染桥面。各排气管及出浆孔所排浆液应用 PVC 管引出桥面（图 3）。

压浆应连续、低速进行，避免浆液离析。压浆速度与孔道的直径有关，一般不应超过 10m/分钟，特殊情况下（管道尺寸不在一般尺寸范围内）不应超过 15m/分钟。

同一孔道压浆作业一次完成，不得中断。如遇机械事故，无法迅速修复，则立即用压力水冲掉压入的水泥浆，重新压浆。压浆时压浆机内不能有空料现象出现，在压浆机工作暂停时，输浆管嘴不能与压浆孔口脱开，以免空气进入孔内影响压浆质量。

对于一个断面的孔道，压浆顺序应自下而上，并应将该断面的孔道在一次作业中压完，以免孔道漏浆堵塞邻近孔道。比较集中和邻近的孔道，先连续压浆完成，以免发生串浆现象，使邻孔的水泥浆凝固、堵塞孔道。

若在压浆过程中，发现局部漏浆，可用毡片盖好贴严顶紧堵漏。若堵漏无效，则应立即

图 3　排出浆液的收集

进行管道冲洗，待漏浆处修补好后再重新压浆。

2.4 补浆

压浆后要检查孔道是否饱满，静止一段时间，打开高点排气管的阀门，如管道内看不到浆液则说明高点浆液下降很多，气体排出量大，有可能高点的钢绞线没有被浆液包裹，需要补浆。补浆时如果压浆时间不超过 30 分钟，则可以进行压力补浆后逐一检查排气孔内浆液情况，将浆液不满的排气孔全部打开，再次泵浆，直到开口端有均质浆体流出，逐一关闭，0.5MPa 压力下保持 3 分钟。此过程应重复 1~2 次。如果灌浆时间超过 30 分钟，仍发现有局部高点浆液不满，则不能再采用压力灌浆，需要人工从高点预留孔道中灌入浆液，依靠浆液的自身流动性灌满孔道。

2.5 设备清理

完成当日灌浆后，必须将所有沾有水泥浆的设备清洗干净。拆卸外接管路、附件，清洗空气滤清器及阀门等。安装在压浆端及出浆端的球阀，应在灌浆后 1 小时内拆除并进行清理。搅拌罐和储浆桶也要用高压水清理干净，废浆和清理设备的废水用水管引到桥下，排放到指定地点。

2.6 压浆过程施工记录

压浆过程中要填写完整的压浆记录表，包括孔道编号，压浆时温度，浆液入水温度，浆液排出温度，孔道压浆开始时间、结束时间，

压浆时压力，持压时间等数据。通过压浆记录可以判定孔道压浆是否出现异常，以便采取措施处理。

3 质量检测

浆液检测项目有流动性检测、温度检测、强度检测、泌水率检测及体积变化检测等。最主要的是流动性、温度和强度检测。

3.1 流动性检测

灰浆的流动性检测如图 4 所示。浆液应具有合适的流动性。既不应过低，足以被泵送并充分填满管道；又不应过高，能排出管道内气体及管壁附着水。浆液拌制完成及拌制完成 30 分钟后分别量测一次，流动性应 ≤ 25s。浆液到达出浆孔后量测一次，流动性应 ≥ 10s。检测采用锥形筒量测。

浆液不应凝结成块，需过筛进行检测。可在锥形筒顶部设孔径 1.5mm 的滤网，在检测流动性同时进行过筛检测。

3.2 温度检测

因阿联酋温度、湿度都较大，入孔前的浆液温度不高于 25℃，灌浆后浆液允许温度为 32℃。在出浆孔用温度计量测。

3.3 强度检测

浆液强度按照 BS 1881 标准进行检测。灌浆时取浆液做试块，10cm³ 试块 7 天抗压强度应大于 27N/mm²。

3.4 泌水率检测

灰浆的泌水率检测如图 5 所示。浆液泌水率应在规定范围内，以防止浆体离析、沉降。灌浆结束 3h 后浆液泌水率应 < 2%，

图 4 灰浆的流动性检测

且 24h 后泌水能被浆液回收。

泌水率检测可用带刻度的量筒进行，取适量浆液放入量筒，3h 及 24h 后分别观测泌水情况及泌水被浆液回收情况。

3.5 体积变化检测

图 5 灰浆的泌水率检测

浆液体积变化检测可知晓浆液的离析及膨胀情况。浆液体积变化容许范围为 −1% ~ 5%。掺膨胀剂的浆液不得出现体积减少情况。体积变化检测可用带刻度的量筒进行。

4 特殊的控温措施

阿联酋地处亚热带、热带沙漠，一年多高温天气，灌浆中的温度控制是施工的难点。为保证浆液温度满足要求，灌浆施工应做到"尊重科学，充分准备，规范操作，勤量勤测"。温度控制要点如下：

（1）灌浆施工尽量选在夜间，在外界温度低于 40℃时方可进行。

（2）选择低水化热水泥，合理使用减水剂等外加剂减少水泥用量。

（3）设水泥冷库降低水泥、外加剂温度，拌浆前向水中添加冰块降低拌合用水温度，拌浆过程中在搅拌桶壁槽内放冰块降低浆液温度。

（4）施工前充分准备，保证设备、水、电及照明情况正常，使压浆可以连续进行，防止中断施工使材料及浆液温度上升。

（5）合理控制一次拌浆量，做到随拌随用，减少浆体的贮存时间。

（6）施工过程中勤量测温度：环境温度应 < 40℃，水泥出库温度 < 20℃，拌合用水温度 < 10℃，浆液拌制温度 < 25℃，出浆孔浆液

温度 < 32℃。

5　安全文明施工措施

（1）所有施工人员进场前须接受安全教育。操作手、电工及起重信号工应有相关的特种作业证，除常规安全教育外还应接受各自特种专业的安全教育，考核合格后方可上岗。

（2）所有施工人员按规定穿戴安全帽、安全服及安全鞋等劳保用品。

（3）现场接电应安全可靠，夜间施工应有足够的照明设备。

（4）专设起重信号工负责指挥灌浆材料的吊运，防止吊运过程中伤人。

（5）送料平台应搭设牢固，平台应有足够的宽度。

（6）送料工人应佩戴眼镜、口罩，穿防护衣防止水泥粉末损伤皮肤（图6）。

（7）因灌浆施工多在夜间进行，应合理

图6　操作工人的防护措施

安排工人工作和休息，避免白班工人连续加班现象。

（8）灌浆废液集中排放，防止污染现场。

（9）桥面上的排气孔周围要铺设塑料布，从排气孔排出的浆液，要用浆液收集桶收集，防止水泥浆污染桥面。

（10）桥下的排水孔在冲洗管道时，要用塑料管将水引入储水罐，不可随便漫流。⑤

（上接第54页）苦地区，这显然是不适合的，较为频密的休假可能是更好的解决办法。除此之外，配偶及子女反探亲、协助配偶办理当地签证、解决子女当地教育都可能会成为行之有效的办法。

对海外员工生活的关注是企业关注员工发展一种更深层面的体现，需要企业真正做到"以人为本"，同时也需要灵活而有效的处理方式。如果海外机构的管理者能够适时地将视线从合同额和业务指标上挪动一下，关注一下身在一线打拼员工们的生活，可能会给企业带来意料不到的、更大的收获。

三、小结

海外薪酬体系设计与海外经营战略、海外市场特点、海外的社会环境以至于国内的环境变化都有紧密的关系。笔者认为，海外薪酬

体系的确定过程中应当有更多的在海外进行工作的业务人员参与进来，人力资源部门在做出各项薪酬决策之前，应当与海外员工进行多角度、多层面的沟通，切身感受海外员工的所需、所求。同样，薪酬体系不应一成不变，持续改进对于薪酬管理同样具有重要的意义，而这种改进的前提则是人力资源部门更开放的心态、更深入的海外调研、更真诚地吸收海外员工的反馈。最后，完善而有针对性的薪酬体系是海外人力资源管理的基础，但同时必须辅以员工海外发展各个阶段其他的相应人力资源管理方案才能真正发挥激励作用，达到服务于企业经营的目的，而这一系列人力资源管理方案的背后，则是企业"以人为本"信念的真实体现。行之有效的海外薪酬设计，必定是建立在企业对海外员工的理解、重视和持续关注的前提之下的。⑤

中英工程测量规范（允许误差）对比分析

李 焱，王建英，徐伟涛，王力尚

（中国建筑股份有限公司海外事业部，北京100125）

摘 要： 本文对比了中英两国施工测量规范的场区平面控制网、施工平面控制网、建筑物细部放样的允许误差要求，得出两国施工测量质量控制的标准差异，以备现场工程人员参考。

关键词： 场区平面控制网；施工平面控制网；建筑物细部放样；允许误差

目前，我国建筑企业已经进入国际建筑业市场，随着国际建筑市场的不断开拓，施工中测量误差的处理等问题也频繁的出现在我们的测量工程师的日常工作中。为了对工程测量规范有更深入的认识，我们对英国测量标准与我国工程测量标准就测量允许误差进行对比与分析，找出差异，从而有利于对标准的理解和执行。

1 场区平面控制网验收标准

1.1 允许误差

英国规范BS5964-1-1990；ISO4463-1-1989对观测的距离及角度误差进行了规定，分阶段给出了最小允许误差：

第一阶段：观测的距离与角度之间的关系及坐标调整后经过检查所发现的差异不得超过下列允许偏差：

距离：$\pm 0.75\sqrt{L}$（最少4mm的角度）

角度：$\pm \dfrac{0.09}{\sqrt{L}}$（或 $\pm \dfrac{5'24''}{\sqrt{L}}$）

百分比：$\pm \dfrac{0.1}{\sqrt{L}}$

位移：± 1.5mm

L是基准点之间的距离（以m为单位）。

第二阶段：根据已知的坐标所得到的距离、角度及随后观测的距离和角度之间所发现的差异，这些偏差不得超过下列允许偏差：

距离：$\pm 1.5\sqrt{L}$（最少8mm的角度）

角度：$\pm \dfrac{0.09}{\sqrt{L}}$（或 $\pm \dfrac{5'24''}{\sqrt{L}}$）

百分比：$\pm \dfrac{0.1}{\sqrt{L}}$

场区平面控制网示意见图1。中国工程测量规范GB50026-2007规定点位偏离直线应在180°±5″以内，格网直角偏差应在90°±5″以内，轴线交角的测角中误差不应

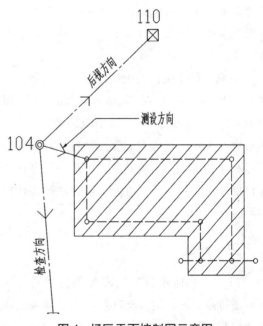

图1 场区平面控制网示意图

大于 2.5″；点位归化后，必须进行角度和边长的复测检查。角度偏差值，一级方格网不应大于 90° ±8″，二级方格网不应大于 90° ±12″。距离偏差值，一级方格网不应大于 D/25000，二级方格网不应大于 D/15000(D 为方格网的边长)。

1.2 英国标准 BS5964-1-1990；ISO4463-1-1989 与中国工程测量标准 GB50026-2007 比对及差异

英国标准和中国标准两者对距离的允许误差规定基本相同，中国标准对低等级控制网的允许误差略低于英国标准。英国标准的角度允许误差略高于中国标准。但是对点位偏离允许误差没有提及，中国标准对点位允许误差做了明确规定。

2 建筑物施工平面控制网验收标准

2.1 允许误差

英国规范 BS5964-1-1990，ISO4463-1-1989 对观测的距离及角度误差进行了规定，分阶段给出了最小允许误差：

第一阶段：规定或已计算的距离与满足要求的距离之间的差异不得超过下列允许偏差：

距离 7m：±4mm

距离大于 7m：±1.5√L mm

L 是以 m 为单位的距离。

一个规定或已计算的角度与满足要求的角度之间的差异不得超过下列允许偏差：

角度：$\pm \frac{0.09}{\sqrt{L}}$（或 $\pm \frac{5'24''}{\sqrt{L}}$ ）

百分比：$\pm \frac{0.1}{\sqrt{L}}$

位移：±1.5√L mm

L 是以 m 为单位。

第二阶段：角度的测量与放样应该精确到 10mgon（1′）或者更高的精度，计算的距离与图纸上的距离以及规定的距离之间的差异不得超过下列允许偏差：

距离 4m：±2K₁（mm）

距离大于 4m：±K₁√L mm

L 是以 m 为单位的距离。

K_1 常数详见表 1。

中国工程测量规范 GB50026-2007 对建筑物边长相对中误差及建筑物测角中误差都给了明确的规定。建筑物施工平面控制网示意见图 2。建筑物施工平面控制网技术要求详见表 2。

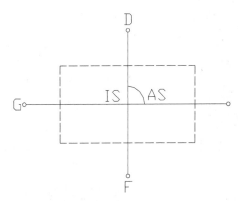

图 2 建筑物施工平面控制网示意图

K_1 常数   表 1

工程示例	K_1
土方工程没有一个特定的精度要求，例如挖掘、斜坡	10
土方工程正常精度要求，例如道路工程、管道	5
现浇混凝土结构、预制混凝土结构、钢结构	1.5

建筑物施工平面控制网的
主要技术要求   表 2

等级	边长相对中误差	测角中误差
一级	≤1/30000	7″ /√n
二级	≤1/15000	15″ /√n

2.2 英国标准 BS5964-1-1990；ISO4463-1-1989 与中国工程测量标准 GB50026-2007 比对及差异

英国标准和中国标准两者对距离和角度的允许误差规定都不相同，中国标准采用了边长相对中误差和角度中误差，而英国标准规定对距离和角度规定了取值范围。

3 建筑物细部放样验收标准

3.1 楼层轴线竖直投递允许误差

楼层轴线竖直投测示意见图 3。英国标准（BS5964-1-1990，ISO4463-1-1989）楼层轴线竖直投递的的允许偏差为：

高度 4m：Dt = ± 3 mm

高度大于 4m：Dt = ± 1.5 mm

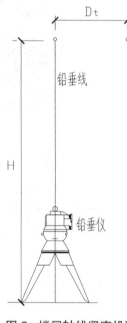

其中 H 指原点与转换点之间的垂直距离。

中国标准（工程测量规范 GB50026-2007）楼层轴线竖直投递允许偏差：

施工层的轴线投测，宜使用 2 秒级激光经纬仪或激光铅直仪进行，控制轴线投测至施工层后，应在结构平面上按闭合图形对投测轴线进行校核。

图 3 楼层轴线竖直投测示意图

楼层轴线竖向投测的允许偏差　　表 3

项目	内 容		允许偏差 (mm)
轴线竖向投测	每 层		3
	总 高 H（m）	H ≤ 30	5
		30 < H ≤ 60	10
		60 < H ≤ 90	15
		90 < H ≤ 120	20
		120 < H ≤ 150	25
		150 < H	30

允许偏差　　表 4

工程示例	允许偏差
主基准点与现场基准点之间的精度要求	± 5mm
任意两个主要基准点和次要的基准点之间的精度要求	± 5mm
两个相邻次要基准点的精度要求 水平高度等于 4m 精度要求 水平高度大于 4m 精度要求，在 H 米垂直高度精度要求	± 5mm ± 3mm $±15\sqrt{H}$
二级基准点与楼层基准点的测设精度，K_2 是依据表 5	± K_2
两个位置相同的标高与二级基准点的测设精度，K_2 是依据表 5	± K_2

合格后，才能进行本施工层上的其他测设工作；否则，应重新进行投测。楼层轴线竖向投测的允许偏差见表 3。

3.2 英国标准 BS5964-1-1990；ISO4463-1-1989 与中国工程测量标准 GB50026-2007 比对及差异

英国标准规定楼层轴线允许偏差是楼层达到 4m 时允许误差是 3mm，当楼层高度大于 4m 时，允许误差是 1.5 mm；中国标准规定的是每层允许误差是 3mm，当楼层高度超过 90m 时是 20mm，英国标准略高于中国标准。

3.3 楼层标高竖向传递允许误差

英国标准（BS5964-1-1990，ISO4463-1-1989）楼层标高竖向传递的允许偏差为：测量的结果和给出的或者计算的结果之间的偏差不能超过表 4 中给出的允许值及表 5 所示的常数。

中国标准（工程测量规范 GB50026-2007）

常数 K_2 值　　表 5

工程示例	K_2
土方工程没有任何特定的精度要求，例如挖掘斜坡	30
土方工程受正常的工作要求，例如道路工程、管道	10
现浇混凝土结构，预制混凝土结构、钢结构	3

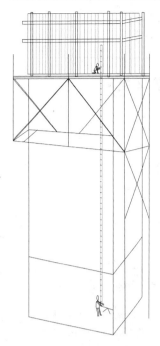

图4 楼层标高竖向
传递示意图

楼层标高竖向传递允许偏差：

施工层标高的传递，宜采用悬挂钢尺代替水准尺的水准测量方法并应进行温度、尺长和拉力改正。楼层标高竖向传递示意图见图4。

传递点的数目，应根据建筑物的大小和高度确定。规模较小的工业建筑或多层民用建筑宜从2处向上传递，规模较大的工业建筑或高层民用建筑宜从3处向上传递。

传递的标高校差小于3mm时，可取其平均值作为施工层的标高基准，否则，应重新传递。楼层标高竖向传递允许偏差见表6。

		楼层标高竖向传递允许偏差	表6	
项　目		内　容		允许偏差 (mm)
轴线竖向投测	每　层			± 3
	总 高 H（m）	H ≤ 30		± 5
		30 < H ≤ 60		± 10
		60 < H ≤ 90		± 15
		90 < H ≤ 120		± 20
		120 < H ≤ 150		± 25
		150 < H		± 30

3.4 英国标准 BS5964-1-1990；ISO4463-1-1989 与中国工程测量标准 GB50026-2007 比对及差异

通过对英国标准与中国标准的允许误差相比较，两者在首层基本相同，在大于4m时略有不同。

4 结语

就两者相比较而言，中国标准整体上高于英国标准，但英标要求明确和具体。英标对应用范围及偏差都有具体的规定，中国企业可以结合实际情况借鉴参考英国标准。⑤

（上接第99页）先走可能只是特例，经济学家米凯尔·埃林德尔和奥斯卡·埃里克森对过去3个世纪的18起海难事故作了调查和统计，结果表明，逃生率最高的是船员，其次是男性乘客。

责任心的缺失其实是职业道德问题出现的根源，一位韩国国会前领导人更是指出，安逸和明哲保身的利己陋习必须清除。没有什么可以为"岁月号"的逃跑船长和船员们逃避责任的行为辩护，除了舆论的压力、自我良心的谴责之外，两次法庭公审，包含船长李俊锡在内的3位船员受到杀人、杀人未遂、疏忽职守、违反海难救助法等多项指控，其余11名船员则被控遗弃致人死亡、受伤和违反海难救助法。

"岁月号"的沉没使很多的社会弊病浮出水面，发人深省。这次海难的问责，实际上牵一发而动全身，涉及的领域非常宽广，上至政府国家层面的改革，经济发展效率和安全监管的博弈；下至每个社会细胞家庭的教育问题，服从权威还是按照自己的想法行事的争论；中间是层层的利益链条，成本和收益的权衡，利己陋习和职业道德的较量。

最后，祈愿死者安息，生者牢记教训，以历史为鉴，警钟长鸣，任何国家和人民当如是！⑤

隧道塌方机理与施工对策研究

张　健

（北京城建五维市政工程有限公司，北京　100143）

南水北调中线京石段应急供水工程（北京段）西四环暗涵工程全部采用浅埋暗挖法施工，正台阶法开挖。输水设计流量为 30m³/s，加大流量为 35m³/s。暗涵为外径 5200mm、内径 4000mm 的圆形，其初期支护为 300mm 厚 C30 喷射钢筋混凝土，二次模注结构为 C30W8F150 的防水钢筋混凝土，初支二衬之间铺设连续防水板。暗涵分左线和右线两条，标准段两暗涵外壁相距 7m。

1 暗涵施工中的塌方事故

1.1 塌方情况

2006 年 6 月 20 日业主例会通报了在暗涵施工中的一例塌方事故，具体情况是：2006 年 6 月 1 日某标段右线上拱开挖时，发现了混凝土结构物。根据现场观察，确定此结构物为钢筋混凝土结构，并能看到水平分布的钢格栅。所处位置在主洞右侧，呈直墙式分布，上下高程不详，大小无法确定。项目部立即停止施工并启动应急预案对掌子面进行加固处理。次日就此情况向业主、设计和监理作了详细汇报。而后施工单位技术人员根据现场管线情况，去几条管线的相关产权单位做了详细调查，经查阅文件显示，现场碰到的结构物是自来水管线施工时留下的临时施工竖井，但查阅文件中没有具体的设计及施工图纸。从图纸和现场显示的情况判断，只是施工竖井和暗涵发生冲突。于是，施工单位继续施工，在凿开施工竖井时，

突然涌出了一股泥砂，从而使掌子面相应部位发生坍塌。

事情发生后，项目部立即启动应急预案，在封闭掌子面的同时向监理单位、建管中心、设计单位作了报告，各方领导接到报告后立即到现场查看情况，决定先对现场可能出现空洞的路面区域进行防护，禁止机动车通过。在进一步了解情况后，向有关单位作出报告。项目部组织专业人员对路面进行了三次沉降观测，数据出现异常。同时请地质雷达探测单位用地质雷达对路面进行了勘测，勘测结果显示路面下有空洞并确定出空洞的具体位置。

公联公司与有关单位人员接到报告到现场查看后，由公联公司对现场进行封闭并及时通知有关部门，同意项目部在空洞上方的路面上凿出一个 50cm×50cm 的孔用于勘测空洞详细情况。孔凿开后发现空洞呈锅底状，直径约为 2m，中心最高处约为 1.5m，四周低处约 1m，经计算空洞体积约 10m³。

1.2 塌方紧急处理

在对现场进行了充分勘查后，经过论证，施工单位决定先对掌子面部分的支护进行加强处理，然后利用凿开的 50cm×50cm 的孔，向塌空区内回填级配砂石料，并在洞口斜向埋设长度 1～3m 长短不同的回填注浆管，当级配石回填结束后，进行回填注浆。

1.3 塌方原因分析

在工程施工前，施工单位就进行了管线调

查。在暗涵施工到管线部位遇到废弃回填的临时施工竖井也进行了详细的调查及勘查，在遇到情况后也作了相应的应急处理，比如加固、封闭掌子面等措施。但在破除废弃竖井结构时还是发生了小规模塌方，经分析认为造成此次塌方事故的原因主要有以下方面：

1.2.1 地质原因

暗涵处在砂卵石地层中。砂卵石地层是一种典型的力学不稳定地层，颗粒之间空隙大，黏聚力小，颗粒之间点对点传力，地层反应灵敏，稍微受到扰动，就很容易破坏原来的相对稳定平衡状态而坍塌，引起较大的围岩扰动，使开挖面和洞壁都失去约束而产生不稳定，容易发生坍塌。

暗涵遇到的废弃施工竖井中有滞水，与暗涵当中的回填土经过多年的作用形成淤泥，这是引起塌方的主要原因。

1.2.2 施工原因

在遇到废弃施工竖井时，施工单位虽对结构物作了调查。但在施工过程中并没有对结构物内部作超前地质勘查，如在凿开废弃施工前，先凿开小孔，或打入超前导管，便可发现井中淤泥，并作出相应的处理，就不至于发生塌方了。

2 几例典型地下工程事故分析

2.1 北京地铁复八线某区间竖井涌水事故

2.1.1 工程概况

北京地铁复八线某区间暗挖隧道采用浅埋暗挖法施工，分南线和北线。在北线设一座施工竖井（图1），竖井中心里程为 B265+19.2。竖井向东 3m 有热电厂泄洪方涵，横断面为两个净空为 $2m \times 2m$ 的钢筋混凝土过水方涵，为 1958 年修建，其壁厚为 200mm，底板外皮距地铁隧道拱顶初期支护外皮仅 1.39m。地铁隧道从竖井向东西两侧开挖。为了保护方涵及施工安全，原设计采取在竖井内沿隧道马头门施打 108mm 管棚支护。钢管长 8 ～ 18m，间距 300cm，管内注水泥砂浆。

2.1.2 事故情况

管棚钻进时采取由一侧向另一侧依次进行。在施作拱脚最后一根管棚时，突然有污水由钢管涌水流入竖井，当堵住流水钢管时，污水便从其他钢管流出，水越流越大，并由竖井流入已完隧道。竖井东侧土体被流水冲刷带走，管棚被水冲击变形，导致污水方涵下沉开裂，地层沉陷，地表出现孔洞。

2.1.3 紧急处理

涌水从隧道顶部 10m 下泄，很快注满整个已完成的隧道。由于竖井采用逆作法施工，靠隧道洞口处采取临时封闭。在涌水下泄地层中，基底有泥土上返，为防止竖井下沉、坍塌，影响京通快速路及井筒北侧管线，现场采取了填埋井处理。当水位与方涵水位一致后，采取临时封闭方涵，洞内抽排水，对塌方部位采取注浆加固，清理洞内淤泥物后，继续向东暗挖。

2.1.4 事故原因

在工程施工前，施工单位就进行了管线调查，由于隧道顶距污水方涵距离很近，施工前曾建议将污水方涵截流未获同意，才采取施作大管棚保护，根据大管棚施工现场情况，长的管子和最高处管子施工时都没问题，只是在施工拱脚处 8m 管棚时，出现漏水。据此判断管棚施工不可能碰到方涵，管棚施工对方涵虽然也

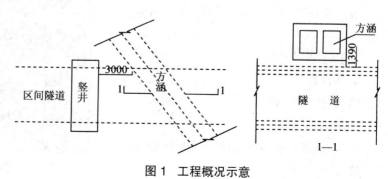

图 1 工程概况示意

  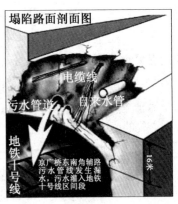

图2　事故情况示意

有一些沉降，但不至于破坏方涵，经分析认为造成此次涌水事故的原因主要有以下几点：

（1）污水方涵年久失修

该方涵是热电厂用于排放循环水和泄洪的重要设施之一，建于1958年，早已超过设计使用寿命，截水后对方涵全面检查，发现方涵混凝土剥蚀、钢筋锈蚀严重，在未影响段也有多处裂缝。方涵本身长期渗漏，致使方涵下粘性土体液化，局部形成饱和水水囊，一经扰动就会沿管棚流出，随着水包流走，方涵内污水便顺流而出。

（2）施做管棚扰动土体

管棚钻进穿越方涵底部时扰动了底部土体，同时由于管棚钻进采用水循环冷却，已施作完的钢管向外滴水并未在意，认为是冷却水流出，没有注意流出的污水。当最后一根管棚正好打在液化严重的水囊处时，引起泥水外溢，从而引发方涵内污水从最后一根管棚流出，水流带动土体，扰动其他管棚，各管子相继流水，造成涌水。

（3）注浆不及时

管棚没有施工完一个就及时注浆，而是等全部完成后一次注浆，造成一根管子漏水，导致其他管子跟着漏水。

2.2　北京地铁10号线呼–光区间隧道塌方事故

2.2.1　事故情况

北京地铁十号线呼–光区间隧道左线开挖至距横通道中心线195m、人防扩段桩号K20+518.3处（隧道宽9m、高9.578m），CRD法开挖的1号导洞上半发生塌方（图2）。

2.2.2　紧急处理

（1）塌坑的处理方案

对塌坑采用C15混凝土回填，回填至雨污水管底1m处，然后浇注C20钢筋混凝土，厚约1m，作为平基；在挡土墙与雨污水管之间砌筑挡土墙，厚0.62m，并用C15混凝土回填，标高至挡土墙底。然后往上施作挡土墙。这样处理有利尽快恢复道路交通及隧道下一步施工（图3）。

图3　处理方案示意

（2）区间3个掌子面开挖前方土体处理方案

区间3个掌子面均在辅路下，由于隧道内充满了水，达到水与土体平衡，在不抽水条件下，初步判断掌子面不会坍塌，为此先不能抽水，只有在塌方段处理完毕及3个掌子面的土体加固后，再抽水。

（3）三个掌子面前方土体加固采取旋喷桩（桩径600mm）加注浆方案。旋喷桩外径边缘距掌子面约4m，桩长至隧道底结构外1m，旋喷桩加固范围从隧道顶外3~5m至隧道底1m。旋喷桩数量视情况施作。对隧道前方的空洞，则采用泵压（不能自流）灌注混凝土回填方案。施作旋喷桩前先进行槽探，查清地下管线，千万不能损伤其他管线。

2.2.2 事故原因

事故主要原因是工程地质、水文地质条件复杂，隧道系在圆砾层和粉质粘土层中修建，地下水位高，尤其是隧道右上方（距隧道中心2.45m）有一根Φ1750雨污水管，管底距隧道结构外顶5.56m。由于污水管常年渗漏，造成土体软化，强度大大降低，且形成局部水囊，是导致涌水和土体位移出现此次塌陷的主要原因。

2.3 上海地铁四号线区间横通道事故

事故发生在浦东南路站至南浦大桥站区间风井处，距黄浦江西岸堤53m。该区间两条隧道均为盾构法施工，且已全部贯通，区间风井结构地下部分已经完成，正在采用冻结加固地层暗挖法施工两条隧道之间的联络通道。

联络通道施工从左线开始向右线掘进，当距右线80cm时，发现渗水，并随即有泥沙从右线隧道底部涌入旁通道，在风井周围形成沉陷漏斗，造成风井沉降，随即引起隧道结构下沉破坏，形成沿隧道方向的纵向沉降槽，致使地面沉降，造成地面三幢房屋倾斜、下沉，周围道路断裂、沉降，浦江大堤断裂并沉降，江水

倒流，并从风井口流入隧道内。

事故发生后采取地面注浆的方法加固周围地层，黄浦江大堤采用钢板桩围堰加草袋堆挡和旋喷注浆的方法加固，并沉了800t驳船封闭浦江大堤，以确保渡汛。同时用钢筋混凝土封闭风井口，防止江水涌入隧道。在地铁浦东南路站和南浦大桥站施作钢筋混凝土封堵墙，并注水以平衡隧道内水压力，尽量减少隧道破坏范围。在沉降槽边缘范围，采用地面钻孔方法探测隧道破坏范围，为确定当前注浆处理范围以及今后恢复提供数据。

这次事故从技术上看主要对采用冻结法加固地层及冻土开挖不熟悉，对冻结壁稳定分析不到位，因而未能在冻结壁失效前进行掌子面封闭处理，酿成此次大事故。

3 地下工程塌方机理分析

3.1 塌方机理分析

在地下开挖以后，应力就重新分布，由于未开挖前岩体内均为压应力，所以每点均处于挤压状态。地下开挖后洞室周围岩体就向洞室这个空间松胀。显然，在本情况中，松胀方向必然是沿着半径指向洞室中心的，这就必然引起径向应力的减小。径向松胀最充分的地方是在洞壁上。由于洞壁没有任何约束，所以径向应力完全解除。

洞室围岩中的切向应力则有相反的变化规律。地下开挖后围岩洞室中心松胀，实际上就是围岩内每个圆周上的质点均向洞室中心移动了一段距离，例如，半径为m的圆移动以后就变动到半径为n的另一个圆的位置，此是周长缩短，这就说明围岩中的切向应力显然增大了。

径向松胀是越靠近洞壁越充分，越深入围岩内部越困难，相应的越靠近洞壁的圆，径向移动就越大，而越深入围岩内部的圆，其径向移动越小。也就是说，越深入围岩内部的点，其切向应力增加值越小，围岩内越近洞壁的点，

其切向应力增加值越大。

在我们开挖洞室的过程中，拱顶洞壁土体常产生切向拉应力。如果此拉应力值超过围岩的抗拉强度，这部分岩体就会变成松散体，特别是在松散底层中，围岩在垂直方向的抗拉强度很低时，由于重力还有水压力等的作用下，往往造成顶拱的塌落，有的甚至一直塌到地表。

3.2 影响围岩稳定的因素

地下工程塌方的原因主要有岩土性质、岩体结构与地质构造、地下水、地应力及地形等。此外，还应考虑地下工程的规模等因素。

3.2.1 岩土性质

岩土性质是地下工程容易塌方与否的重要因素。理想的岩体洞室围岩是岩体完整、厚度较大、岩性单一、成层稳定的沉积岩，由于岩体完整，洞壁围岩稳定性好，施工也较顺利，支护也简单快速。而松散围岩中，由于围岩自身稳定性差，施工过程容易产生变形破坏，因而施工速度较慢，支护工程量及难度也较大，时常会发生不同程度的塌方。

3.2.2 地质构造和岩体结构

地质构造和岩体结构是影响地下工程岩体稳定的控制性因素。首先表现在建洞岩体必须区域构造稳定，第四纪以来无明显的构造活动，历史上无强烈地震。其次是在洞址洞线选择时一定要避开大规模的地质构造，并考虑构造线及主地应力方向进行合理布置。岩体结构对地下工程岩体稳定性影响，主要表现在岩体结构类型与结构面的性状等方面。

3.2.3 地下水因素

地下水对洞室围岩稳定性的影响是很不利的。其影响主要表现在使岩石软化、泥化、溶解、膨胀等，使其完整性和强度降低。另外当地下水位较高时，地下水以静水压力形式作用于衬砌上，形成一个较高的外水压力，对洞室稳定不利。地下水对地下工程最大危害莫过于洞室涌水。

3.2.4 地应力

岩体中的初始应力状态对洞室围岩的稳定性影响很大。地下洞室开挖后，岩体中的地应力状态重新调整，调整后的地应力称为重分布应力或二次应力。应力的重新分布往往造成洞周应力集中。当集中后的应力值超过岩体的强度极限或屈服极限时，洞周岩体首先破坏或出现大的塑性变形，并向深部扩展形成一定范围松动圈。在松动圈形成过程中，原来洞室周边应力集中向松动圈外的岩体内部转移，形成新的应力升高区，称为承载圈。重分布应力一般与初始应力状态及洞室断面的形状等有关。在静水压力状态下的圆形洞室，开挖后应力重分布的主要特征是径向应力向洞壁方向逐渐减小至洞壁处为0，切向应力在洞壁处增大为初始应力的两倍。重分布应力的范围一般为洞室半径的 5 ~ 6 倍。

4 地下工程的塌方预防控制技术

4.1 重视设计

由于塌方是发生在施工阶段，似乎与设计关系不是很密切，因而人们往往忽视设计过程对塌方的预防而导致在施工过程中塌方的发生。其实设计过程中的塌方预防十分重要。设计过程对塌方的预防主要有两个方面的内容。

4.1.1 准确的地质勘察能有效的预防施工过程塌方的发生

隧道是典型的地质工程，大量的理论研究和实践表明，地质条件是制约地下工程安全的关键因素，塌方的产生与地质条件的好坏有着密不可分的关系，不良的地质条件会直接导致塌方，地质勘察的科学性、准确性对预防隧道的塌方起着至关重要的作用。在国内许多工程中，特别是埋深较大的特大隧道，或由于业主担心勘察费用过高，或因勘察设备、方法简陋，地质勘察十分粗糙，不能提供较为详尽的地质资料，这给隧道施工带来很大的盲目性，以至造成不同程度的塌方。因此在施工前，进行详尽合理的地质勘察是非常有必要的，我们首先应在设计时采取最优的选线，让施工单位在施工时能引起重视，对通过不良地质洞段，要有很好的思想准备、技术准备和物资准备，从而选择合理开挖方法，及时采取有效的支护，预防塌方的产生。

4.1.2　合理的设计能有效避免和预防塌方的产生

（1）选择设计

在掌握隧道洞区的宏观地质背景、构造特征、地质地貌特点等较为详细的地质资料，分析隧道区的断层、富水带、高应力分布情况后，我们要进行合理的隧道线型设计，尽量避免通过大断层、富水和高应力集中地段，这样能保证施工时的安全，又能避免因地质条件不好、支护过多造成工程投入的增加，从而能很好预防塌方的发生。

（2）支护参数设计

在开挖成洞后，岩石由于受力结构平衡体系的破坏和应力的重分布而应及时采取支护，我们在隧道的设计过程中要进行支护参数设计，选定既安全有效又节省费用的支护参数，对隧道塌方的预防起着不可忽视的作用。地质围岩的分类是一个定性的概念，同一类围岩的结构性状不相同，其自稳能力就不一致，此时支护参数的设计尤为重要，支护参数过大，会增加工程的投入，支护参数过小，相同类别围岩自稳能力就较差，可能因支护强度不够，或要求更换支撑造成地应力再一次重分布，从而引起塌方。特别是在临时支护方面，一些工作人员为减少工程投入，设置的支护参数一般都较小，达不到国家标准要求。

4.2　进行风险评估

在重大地下工程建设中应有风险评估，这种评估应从规划、可研阶段就考虑，随后的设计和施工也都要有风险评估，以做到心中有数。

风险评估应该考虑风险点、风险时机、风险预替值和普戒值、风险点影响范围、风险预防对策和措施以及抢险预案，其中抢险预案应包括抢险组织、对策和物资设备准备等。

为控制风险，依据监测信息，从速率变化和累积沉降等方面控制，发现苗头及时发出预警报告。监测除施工单位自我监测外，对重要工程还要组织第三方监测，实施双控，将风险及早发现，及早排除，风险发生后还可以提供第三方数据，用以判断事故性质和责任。

4.3　地下水的处理

采用降、堵、泄等方法处理地下水，可以提高围岩的自稳能力，提高喷射混凝土质量，防止流沙、突水、突泥，通常采用"以堵为主、以降为辅"的处理原则。我们在上面介绍的几例典型塌方事故中，都是在地下水的作用下使得土体稳定结构遭破坏，从而使掌子面失稳，引起塌方的。

4.4　信息化施工

4.4.1　监控量侧

地层变化往往是我们肉眼直接看不到的，但是施工监测可以提前告知地层的变化情况。埋入地下的各种监测仪器就是施工人员的眼睛，可以通过各种监测数据，发现和分析地层的变化数值及趋势，并以此判断施工是否安全。

信息化施工是地下施工的主要程序和方法，是其重要的组成部分。根据量测结果、信息反馈，及时调整设计与施工参数，是基坑支护工程和浅埋暗挖法施工中不可缺少的组成部分。

4.4.2　超前地质预报

暗挖隧道施工中还采用地质超前预报措施。地铁复八线几次塌方都是因为遇到不明地下水引起的，这些水多数是管线渗漏水，特别是一些废旧管线未查清楚，施工开挖时突然涌水，造成事故。采用地质超前预报，可从地层含水量变化中发现问题，提前采取加密注浆办法。地质超前预报可以使用地质超前预报仪进行探测，更简便的办法是用洛阳铲超前探孔。

前面案例中的西四环暗涵塌方，如果能在凿开废弃竖井前对竖井内部结构进行探测，事故就可避免了。

4.5 充分重视事故先兆

地下工程施工中，特别是在松散地层中进行暗挖施工，地层应力变化是有过程的，尽管过程时间不长，但也有能够给予补救的时间。从上述例子中都可以看到，上海地铁四号线发现冻土开挖变软后，如果立即封闭掌子面，是有充足时间的，事故也是完全可以避免。基坑倒塌案例中，如果注意地面裂缝、监测位移值和位移速率，紧急处理是完全来得及的。关键是没有抓住变化的先兆，错过处理时机。所以地下工程施工应该安排有经验人员在一线跟班作业。

4.6 加强施工管理，采取措施严格按程序施工

地下工程在松散地层中施工总结的"管超前、严注浆、短开挖、强支护、快封闭、勤量测"十八字方针，是从事工程建设的经验总结，只要认真执行，就能尽量避免事故的发生。还有就是施工人员的质量意识也是很重要的，特别是直接参与施工的组织者、指挥者和操作者。人作为控制的对象，一定要避免产生失误。作为控制的领导者，要充分调动人的积极性，发挥人的主导作用。为此，除了加强政治思想教育、劳动纪律教育、职业技能专业培训、健全岗位责任制外，还需要根据工程特点，从确保质量出发，从人的技术水平、人的主观错误行为等方面来控制人的使用。禁止无技术资质的人员上岗操作，对不懂装懂、图省事、故意违章作业的行为必须及时制止。对施工的各个环节进行严格的控制，建立健全质量管理制度。质量监督机构，对施工中的各个工序严格把关，

发现一个问题，解决一个问题，让工程始终处于可控状态。

5 暗涵施工预防塌方的工程实践

通过对暗涵施工当中发生的塌方现象及几例典型的地下工程塌方情况的分析总结，我们在暗涵后续的施工当中采取了相应的措施：

（1）聘请了有资质的地质勘探单位对工程的地质情况重新作了详细的勘查，并对管线情况进行了详细探测。

（2）对工程特点、难点进行了详细的论证，提出在施工过程中需要特别注意的风险点及风险源，并制定了相应的控制措施和制度，落实到相关责任人。

（3）对地下水情况进行详细调查，尤其是对临近的雨污水管线及与隧道正交的水衙沟，并对水衙沟采取安全可靠的导流措施，绝对保证施工的安全。

（4）监控量测做到实事求是，并实行日报。发现问题，立即分析原因并进行相应处理，做到信息化施工。在施工过程中采取了一系列的超前探测措施，主要采用超前小导管配合洛阳铲进行探测，小导管每榀进行一次。洛阳铲探测长度为3m，每开挖一榀探测长度增加0.5m。为保证探测的可靠性，辅助地质雷达探测方法。地质雷达探测每10m进行一次。另还派专人对掌子面的地质情况进行记录，作出详细的地质描述。

（5）在穿越重要地段，派专人对地面情况进行监测观察，发现异常立即采取紧急措施。

（6）利用专门时间，对一线管理人员和操作工进行相关培训，提高人员素质，增强安全和质量意识，并制定实施了严格奖惩制度。

实施了上述措施后，我们在施工过程中基本杜绝了影响施工安全和工程质量的塌方，不仅取得了良好的经济效益，而且还受到了业主和同行的一致好评。⑤

浅议低碳绿色建筑与建筑生态化

肖 应 乐

（大连市建筑行业协会，大连 116001）

2014 年 4 月，由住房城乡建设部、江苏省住房城乡建设厅、中国建筑科学研究院共同主办的"低碳生态城镇与绿色建筑论坛"在江苏海门市举行。会上，专家学者分别从政策和技术角度对低碳生态城镇建设与绿色建筑推广进行了全方位展望和解读。与会者对超低能耗工业建设改造技术、国际零能耗建筑技术、新型建筑工业化发展等议题进行了深入探讨。

一、降低碳排放量势在必行

全球气候变化形势对建设领域节能减排的意义尤为重大。低碳生态城市建设、低碳绿色建筑施工，是我国应对挑战的重要战略，如何降低碳排放量已成为基本国策。

据统计，全世界 40% 的能源消耗来源于建筑物的能耗。我国建筑能耗约占全社会总能耗的 28%，城市里的碳排放 60% 来源于建筑物维持功能上。目前，我国建筑相关能耗占全社会比重较大，每建造一平方米的房屋，约释放出 0.8 吨碳。我国既有建筑拆除率占新建筑面积的 35% 左右，欧洲建筑的平均使用周期近 100 年，我国建筑平均使用周期较短，由于建筑平均使用周期短，曾加了建筑物拆除、建造的碳排放量。在新建筑中，高能耗建材、高能耗建筑较为普遍，随着我国城镇化建设的进展，将导致建筑能耗的持续上升。

（1）降低碳排放的奋斗目标。2009 年，我国在哥本哈根国际气候峰会上确定的目标是：到 2020 年，全国单位国内生产总值二氧化碳排放较比 2005 年下降 40% ~ 45%。当低碳减排正式成为国家责任时，作为国民经济发展和城镇化进程中的重要支柱产业建筑业，应该正视产业的现状。

（2）国家地方政策标准出台。2012 年 ~2013 年，大连市建委印发了《大连市绿色住宅建筑评价标识技术导则》、《大连市绿色建筑实施方案》，作为开展绿色建筑评价标识工作和指导现阶段绿色建筑的规划设计、施工验收和运行管理的依据。2013 年，国务院办公厅转发《绿色建筑行动方案》，要求紧紧抓住城镇化和新农村建设的重要战略机遇期，树立全寿命期理念，从政策法规、体制机制、规划设计、标准规范、技术推广、建设运营和产业支撑等方面全面推进绿色建筑行动，加快推进建设资源节约型和环境友好型社会。《方案》的主要目标包括新建建筑和既有建筑节能改造两部分。对新建建筑，提出了"十二五"期间，城镇新建建筑严格落实强制性节能标准，新建绿色建筑 10 亿平方米，2015 年城镇新建建筑中绿色建筑的比例达到 20%。对既有建筑节能改造，提出"十二五"期间完成北方采暖地区既有居住建筑供热计量和节能改造 4 亿平方米以上等目标。2014 年 5 月，国务院办公厅印发《2014~2015 年节能减排低碳发展行动方案》，这足以说明我国"低碳"、"绿色"建筑的实施已进入转型升级发展的关键时期。

二、借鉴国外低碳发展的模式

与发达国家工程建设标准接轨，国外的建筑施工领域，对建筑垃圾处理有一些比较好的做法，比如施行"建筑垃圾源头削减策略"，使其具有再生资源的功能。

（1）日本将建筑垃圾视为"建筑副产品"，十分重视将其作为可再生资源而重新开发利用。他们将建筑施工过程中产生的渣土、混凝土块、沥青混凝土块、木材、金属等建筑垃圾送往"再资源化设施"进行处理。尽量不从施工现场排出建筑垃圾，尽可能重新利用。

（2）美国住宅营造商协会推广一种"资源保护屋"，其墙壁就是用回收的轮胎和铝合金废料建成的，屋架所用的大部分钢料是从建筑工地上回收来的，所用的板材是锯末和碎木料加上20%的聚乙烯制成，屋面的主要原料是旧的报纸和纸板箱。这种住宅不仅积极利用了废弃的金属、木料、纸板等回收材料，而且比较好地解决了住房紧张和环境保护之间的矛盾。

（3）法国专门统筹在欧洲的"废物及建筑业"业务，首先通过对新设计建筑产品的环保特性进行研究，从源头控制工地废物的产量，其次在施工、改善及清拆工程中，对工地废物的生产及收集作出预测评估，以确定相关回收应用程序，从而提升废物管理层次。

（4）荷兰的建筑废物循环再利用的重要副产品是筛砂，目前已有70%的建筑废物可以被循环再利用，他们制定了一系列法规，建立限制废物的倾卸处理，强制实行再循环运行的质量控制制度。

三、生态位原理与低碳建筑探析

目前，碳排放主体是排放在大气中的碳源、二氧化碳。对碳进行吸收有三个方面：一是林木碳汇，它主要是指森林吸收并储存二氧化碳的量；二是贝藻碳汇；三是土壤固碳、海洋固碳、碳截存等方法。

生态位原理可以从三个方面理解。第一，根据生态位原理，所有的生态元均具有相应的生态位，在空间、时间和循环链维度上找准适宜生态位，有空位要抢占，有偏位要挤占。第二，要避免生态位重叠，一旦出现重叠必会引起竞争，因此，必须依照生态位分离原理来解决。生态位分离会导致共生，共生才能促进系统的稳定发展。第三，要合理利用现实生态位，挖掘潜在生态位。

低碳建筑和绿色建筑相比在内涵和目标上基本一致，只是侧重点不同。绿色建筑侧重强调减少污染排放，低碳建筑侧重减少碳排放，它更切合节能减排应对全球气候变化的主题。因此，我们也可以把用低碳技术策略目标打造的绿色建筑称为低碳型绿色建筑。

大连獐子岛资源在进行评价后，确定了建立低碳发展模式。这个循环型低碳发展模式的模型里面由三个循环链构成，整个岛也确定了三种发展方案，一个是低碳，另一个是超低碳，还有一个是微碳。整个岛的发展目标是碳减排20%以上，当碳减排达到40%以上，就认为达到了超低碳的目标；当碳减排达到70%以上，就认为达到了微碳的目标；当碳减排达到100%的时候，即是零碳，当然零碳目标的实现非常困难。獐子岛低碳发展路线图，是2010年到2020年，通过十几个关键技术的采用，可以逐步达到这三个梯级目标，最后实现碳减排70%以上，从而达到微碳发展目标。

四、建筑生态化

（1）建筑生态化三个基本特征：第一，能为人类提供宜人的室内空间环境，它包括健康宜人的温度、湿度，清洁的空气，良好的光环境、声环境以及灵活开敞的空间。第二，在自然资源的利用上，对环境的索取要小，主要指节约土地，在能源与材料的选择上，坚持减少使用、重复使用、循环使用和用可再生资源替代不可再生资源的原则。第三，对环境的影响要最小，主要指减少碳排放，妥善处理有害废弃物，减少光污染、声污染和空气污染。

生态建筑从过去仅停留对气候、生物反应的关注到今天运用替代能源、注重建筑生态高技术的研究，人们对建筑有了更新的认识，提出了建筑生态化的课题。建筑生态化是将建筑融入大的生态循环圈，从整体的角度考虑能源和资源流动，将建筑设计、建造、使用过程中的消耗和产生纳入整个生态系统来考虑，从而改变资源与能源单向流动的方式，趋向良性循环体系，提倡将人居环境纳入动态的生生不息的循环体系的创想。建筑生态化对建筑的要求不仅仅是建筑的使用过程，而是建筑的整个使用周期。

（2）生态技术和生态建筑。生态技术是利用生态学的原理，从整体出发考虑问题，注意整个系统的优化，综合利用资源和能源，减少浪费和损耗，以较小的消耗获得较高的目标，从而实现资源和能源的合理利用，促进生态环境的可持续发展。人、建筑、环境是建筑发展的永恒主题，随着全球环境的恶化，人们不得不重新审视和评判我们现实的城市发展和价值体系，关注人类自身的生存方式。

20世纪90年代，联合国环境和发展大会通过了《里约热内卢宣言》，为促进地区生态系统的恢复，实现地球的可持续发展起到了导向作用，生态技术发挥出越来越重要的作用。从北京大兴义和庄的"新能源村"建设，到国外运用生态技术下建造的各种形式的生态建筑，生态建筑的发展从理论、技术以及建筑设计的实践都得到了长足的发展。

生态建筑是指根据当地自然生态环境，运用生态学、建筑学和其他科学技术建造的建筑物。它与周围环境成为有机的整体，实现自然、建筑与人的和谐统一，符合可持续发展的要求。生态建筑又称为"节能建筑"、"绿色建筑"、"低碳建筑"，它涉及的内容广泛，是一门综合性的系统工程，它采用现代科学手段，合理地安排并组织建筑与其他领域相关因素之间的关系，使其与环境之间成为一个有机组合体的建（构）筑物。

（3）发展生态建筑的社会条件。虽然生态建筑才刚刚起步，但它的发展有着深刻的社会认识的过程，从"以人为本"到"以环境为中心"的社会认识的转变，奠定了当今发展生态建筑的社会思想基础。

20世纪70年代，联合国召开了"人类环境大会"，世界各国认识到人类必须在自然环境所提供的时空框架内发展经济，同时，按照自然资源所赋予的条件安排自己的生活方式，重新界定了人与自然的关系，确立了"以环境为中心"的发展思想。20世纪末，西欧等发达国家提出"生态现代化"的目标，我国也在尝试建设花园城市、生态城市。这标志着延续200年的"以人为本"的现代化模式向"以环境为中心"可持续发展模式的转变，从而使发展生态建筑具有了广泛的社会思想基础。

（4）生态建筑的发展动向。目前，生态建筑在各地方发展都处于起步阶段。西欧和北欧是发展得较好的地区，近年来在日本和新加坡均有现代意义的生态建筑。

当下，各国建筑师都在潜心研究生态建筑技术和设计方法。从建筑设计上看，首先是将建筑融入自然，把建筑纳入与环境相通的循环体系，从而更经济有效地使用资源，使建筑成为生态系统的一部分，尽量减少对自然景观、山石水体的破坏，使自然成为建筑的一部分，通过高技术实现能量循环利用。其次是将自然引入建筑，运用高科技技术，促进生态化，人工环境自然化。在现代都市中（下转第32页）

浅谈北京汽车产业研发基地项目竣工结算审核管理

李江辉

（北京市工业设计研究院，北京 100021）

工程竣工结算是指施工方按照合同规定的内容，将所承包的工作全部完成并经验收合格后，根据现场施工记录、设计变更通知书、现场变更洽商、合同文件、竣工图纸等资料，向建设单位实行的最终工程价款的结算。竣工结算审核则是指对施工单位编制的工程结算书的合法性、真实性、完整性、准确性等进行审查，并最终确认合理工程造价的过程。本项目采用全面审查法，对控制投资、节约资金起到了显著的作用。由于项目工程量大，涉及面广，影响因素多，施工周期长，政策性变化大，材料设备价格及市场供求波动大等原因，因此竣工结算及审核工作非常复杂，同时认真负责地做好结算审核工作也非常重要。

一、项目特点和存在的问题

（一）项目简介

北京汽车产业研发基地位于北京市顺义区北京汽车城 C－06、C－07、C－08、C－09 号地块内；位于双河路以北，社区南街以南，西环路以东，顺兴路以西；临近北京国际机场 T3 航站楼。本项目是由北京汽车研究总院有限公司建设的集自主研发办公于一体的新型现代核心产业中心，并且成为国内一流、国际上有一定影响力的、适应北汽集团发展规模的产品

（整车及零部件）开发及试验中心。

本项目建筑面积 174310m²；地上 7 层（其中裙房部分 3 层），地下 1 层（局部地下 3 层）；全现浇钢筋混凝土框架结构，部分混合结构，钢框架，钢柱－现浇钢筋混凝土剪力墙结构。

北京市工业设计研究院作为本项目的主要设计单位，同时担负着项目管理工作。按照委托合同要求和项目实施情况，我们于 2013 年 6 月至 2014 年 1 月开展了工程结算的审核工作。

本项目建筑安装工程总承包合同金额 105906 万元，其中专业工程暂估价 39750 万元（含室内精装修工程、外立面及屋面幕墙工程、消防工程、地源热泵工程、建筑智能化工程、电梯工程），暂列金额 6685 万元；建设单位自行分包项目暂估金额 5820 万元，包括室外工程、园林绿化工程、变配电工程。

（二）项目造价管理工作存在的问题

（1）招标阶段时间紧迫，图纸、使用要求等技术条件不成熟，设计深度不够，使得招标清单比较粗糙，有的甚至盲目套用其他项目清单，内容完全不对应。这在施工过程中较多地通过新增项目、设计变更、洽商和现场签证反映出来。

（2）市场竞争不规范，影响合理定价。一些施工企业为争得施工任务不得不面对难以

接受的招标条件，面对这些不规范的市场交易，施工企业只有压低价格承包工程，同时运用不平衡报价为日后结算取得丰厚收益做准备。这很大程度上冲击了正常的工程造价管理，而现行的政策又缺乏相应的约束机制。如室内精装修工程，500人报告厅主席台的樱桃木饰面造型吊顶，施工单位在投标时预计到实际工程量将远大于清单量，于是报出3700元/m²的综合单价，深化设计后实际工程量为原清单的4倍。大堂立面装饰经变更后为樱桃木饰面板贴装饰木线条，结算时重新组价，而类似于此做法的报告厅立面为吸声板贴装饰木线条，合同综合单价较低。

（3）由于功能调整和方案变化，造成工程洽商大量出现。如通风空调工程，部分区域改为风机盘管空调系统。室内装修方案多次变化，造成成品拆改等。

（4）由于分包单位众多，出现主要材料认价时确认单价不统一，给结算审核工作带来很大困扰。本项目除总承包单位外，有总包单位自行分包的安装施工单位、7家室内精装修单位、防火卷帘及门窗、中水设备、游泳池设备等供货单位，还有业主自行发包的室外及市政工程施工单位、园林绿化施工单位、变配电施工单位，另外有业主与总承包单位联合招标签订三方合同的建筑智能化施工单位、消防施工单位、地源热泵施工单位、2家外立面与屋面幕墙施工单位、2家电梯安装单位等。

（5）施工周期较长，从2009年年底开工到2013年年中入住，历时三年多，材料与人工价格上涨幅度较大，各专业工程施工期的具体确认一度存在争议。

二、竣工结算审核具体工作程序和内容

（一）结算资料的审核

结算资料包括：结算书、施工总承包合同、补充协议、中标预算、施工图纸、竣工图纸、主要材料认价单、造价处发布的人工材料信息价、设计变更、工程洽商、现场签证资料等。需要审核资料的真实性、完整性和合法性。

（二）工程量的审核

工程量是结算的基础，它的准确与否直接影响结算的准确性。审核工程量在整个结算审核过程中是最繁重、花费时间最长的一个环节，要准确地核实各分部分项的工程量。审核施工单位所报的竣工结算时，要注意是否有漏掉的项目，是否有该扣除而没有扣除的情况。

（三）综合单价的审核

新增项目和变更洽商等的新综合单价，要审查选用的定额子目与该工程分部分项工程特征是否一致，代换是否合理，有无高套、错套、重套的现象。在工程结算中，要注意看定额子目所包含的工作内容，还要看各章节定额的编制说明，熟悉定额中同类工程的子目套用的界限，力求做到公正、合理。

（四）取费标准的审核

对费率、取费基数进行审查，尤其注意措施项目是否存在随意增加和不合理的情况。

（五）设计变更、工程洽商、现场签证的审核

设计变更、工程洽商、现场签证记录是工程结算的重要依据，也常常是工程造价增加的重要原因。在工程结算中，应审核内容、项目是否清楚，各方签认是否完备，与施工图纸及合同预算是否重合及其逻辑关系等。

（六）材料价格和价差调整的审核

竣工结算中材料价格的取定及材料价差的计算是否正确，对工程造价的影响是很大的，在工程结算审核中不容忽视。审核重点为：材料的规格、型号是否按施工图纸规定，材料的数量是否按定额工料分析出来的材料数量计取；材料预算价格是否按规定和说明计取；材料市场价格的取定是否符合当时的市场行情，是否

按施工阶段或进料情况综合加权平均计算。

三、项目竣工结算审核过程中遇到的难点和解决办法

（一）审核结算资料的有效性和完整性

各家提交的资料基本齐备，但部分设计变更、工程洽商等签字不全，附图缺少或不清楚，主要材料认价单不完整，此部分在收集资料时要求施工单位补充完善。

由于7家室内精装修施工单位均与总包单位分别签订施工合同，且合同条件优于总承包合同条款的规定，分包单位不同意采用总承包合同条款的约定进行结算。但室内精装修工程属于总承包合同范围内暂估项，受总承包合同约束。更有些分包单位提出，合同明确表示合同效力和解释顺序，分包合同优先于总承包合同，但前提是做出以上解释的是分包合同，在本次结算中不属于可以遵照执行的有效合同，经过解释与探讨，最终与各单位达成一致意见，按照总承包合同条款的规定进行室内精装修分包工程结算。

工程量清单存在部分描述不清楚的项目，需要招标图纸与施工图纸对应比较。如会议室石膏板吊顶，招标图纸有标注为造型吊顶，经过深化设计的施工图纸完整地描述了复杂的吊顶做法，施工单位要求增加复杂系数调整综合单价；层高为9m、吊顶标高3.9m的项目，施工单位申报结算时增加了转换层，在合同基础上增加了脚手架等措施费用。此项目综合单价不得调整，作为有经验的承包商应充分考虑到实际情况和图纸要求，报价时包含实现最终效果的全部费用。但考虑到施工图纸较招标图纸吊顶总量有增加，增加部分同意调增了脚手架等措施费用。

（二）审核和调整合同内工程量

本项目采用单价合同，且实际施工较招标图纸内容变化很大，因此合同内清单项目和工程量需要重新核定。工程量核定是一项繁琐而耗时较多的工作。审核时做到准确掌握工程量范围的计算，严格遵守和执行计算规则，确保审核的科学性和审核结果的准确性。如楼地面孔洞所占面积不扣、墙体中的圈梁过梁所占体积不扣、钢筋计算常常不扣保护层、梁板柱交接处受力筋或箍筋重复计算等，审核时均予剔除。

由于招标清单比较粗糙，实际施工中混凝土、钢筋、钢结构工程量比合同量增加幅度较大，施工单位申报时有高估冒算现象，审核时经过几轮核对，最终确认较为合理准确的工程量。

电气、给排水、通风工程，由于施工图纸与招标图纸变动非常大，导致结算时与合同预算完全不对应，审核时只得确认一版施工图纸，并在此基础上发生变更洽商，以施工图纸为依据，几乎重新编制工程量清单，只沿用合同内综合单价。

电气工程中电气配管、配线、电缆工程量核定时，按照清单计算规则的工程量较实际用量少，但合同综合单价中定额量等于清单量，施工单位要求增加清单工程量。合同综合单价为施工单位投标时自主报价，未考虑预留量，属于报价让利或失误，审核时工程量严格按清单规则计算。

（三）审核综合单价

此部分主要针对新增项目和变更洽商内"合同文件中没有适用或类似于新工作的价格，其组价原则为：①合同工程量清单中已有相应的人工、材料、机械消耗量的，按照已有的执行；②合同工程量清单中已有相应的人工、材料、机械价格的，按照已有的执行；③取费费率以合同工程量清单中确定的为准；不可竞争费用按规定调整；④没有相应的人工、材料、机械消耗量的，按2001年《北京市建设工程预算定额》中相应子目规定的耗用量执行。没有相应的人工、材料、机械价格的，按当期的《北

京工程造价信息》中设有价格的信息价确定（若信息价有上、下限的，以下限值为准）；若《北京工程造价信息》不发布价格的材料或计量支付时当期未发布价格的材料，其价格由承包人提出，经监理人审核后，报经发包人审批后执行。"（注：总承包合同原文）。如上文提到的大堂立面装饰由微晶石饰面变更为樱桃木饰面板贴装饰木线条，结算审核时，按照上款④组价原则仍然高于类似于此做法的报告厅立面（吸声板贴装饰木线条）综合单价，经与施工单位协商，最终采用报告厅立面综合单价更换吸声板为樱桃木饰面板的主材价，划定为"合同文件中只有类似于变更工作的价格，只要发包人和承包人都同意，则可采用合同文件中的价格作为基础对变更工作进行计价。"（注：总承包合同原文）。

另外针对施工单位采用的不平衡报价，500人报告厅主席台的樱桃木饰面造型吊顶，由于工程量清单出现失误，施工单位在投标时预计到实际工程量将远大于清单量，于是报出 3700 元/m^2 的综合单价，深化设计后实际工程量为原清单工程量的 4 倍。结算审核时，重点核查此综合单价的组成，发现组价时型钢龙骨、衬板、面板含量较大，且有考虑到立面封板龙骨，由于审核工程量为可视面积计算，因此调整组价时定额对应含量，最终将综合单价调整为 1430 元/m^2。

石膏板造型吊顶多种多样，合同中有石膏板平顶、石膏板造型顶、超高层高石膏板造型顶 3 种综合单价，结算申报时施工单位要求一些部位增加复杂系数调增综合单价，此申述未予同意和采纳。

大理石盥洗台，审核时发现合同综合单价中型钢骨架含量较大，但由于做法统一，施工中也无调整，而此合同属于固定单价合同，因此未予调减。此点在将来招标评标过程中应引起关注，业主可要求施工单位提供符合报价组

成的方案或大样图并严格据此施工，以防止隐蔽部分施工时做法与报价不对应。

针对确认主材单价不统一的情况，因各施工范围分别认价，出现个别不同单价时视为材料品质差异分别套用，但其中一家多乐士五合一室内乳胶漆认价时错把单位 kg 写成 m^2，施工单位坚持将错就错，协商不成只得将确认单价作为每平方米室内乳胶漆的完成价即综合单价，即便如此也高于相同做法的其他部位的综合单价。

（四）审核措施费、其他项目费、规费、税金

新增工程、变更洽商措施费中列入了夜间施工增加费、赶工措施费、脚手架、工程水电费等，却缺少依据支持。工程水电费仅在总承包工程中计取，其他予以核减。审核时各单位工程措施费只保留了安全文明施工费和垂直运输费，其他按照签认资料确定。施工单位做得比较好的内容，如脚手架使用时限签认好了搭拆时间，大型机械签认好了各次进出场记录等，此类费用未在合同中约定不予调整，因此计入结算金额中。

除总包单位外，各单位在合同预算中包含的总包服务费予以核减。此项曾以争议问题出现过，站在施工单位立场，凡是中标预算中包含的项目，均属于双方认可的费用，但此费用与总包服务费的本质矛盾，属于不合法、不合理的部分，予以剔除。

各项取费费率经与合同预算比照执行，取费基数也经过严格审查。

（五）审核设计变更、工程洽商、现场签证

审查变更洽商、签证单的内容和合同及施工图纸是否重复，将重复多算的项目及内容予以剔除。变更的项目或工程量增加，也相应核对牵涉到合同预算的内容是否需要核减，同时关注减少或取消的项目。

拆改部分在签认时明确主要材料的重复利用率。如安装工程洽商，特别注意作废项目在

合同预算内已包含，变更洽商内不应另行计取。

有些签证为措施变更，如在签证中说明材料运输为吊篮吊运，则不予增加费用。

（六）审核主要材料价差的调整

签订合同时尽可能将工程所使用的主要材料的规格、型号、种类、颜色、名称等确定下来，以方便将准确的材料价进入综合单价中，减少材料暂估价的出现。但实施过程中，主要材料变更较多，同时部分材料提高标准，从而出现很多材料需要业主确认单价的情况。

合同约定，"主要材料以及人工和机械的变化幅度超过 ±5% 时，按照如下方法调整：①以本市建设工程造价管理机构发布的《北京工程造价信息》中的市场信息价格（以下简称造价信息价格）为依据，造价信息价格中有上、下限的，以下限为准；造价信息中没有的，按发包人、承包人共同确认的市场价格为准。当投标报价时的单价低于投标报价期对应的造价信息价格时，按施工期对应的造价信息价格与投标报价期对应的造价信息价格计算其变化幅度；当投标报价时的单价高于投标报价期对应的造价信息价格时，按施工期对应的造价信息价格与投标报价时的价格计算其变化幅度。②施工期市场价格以发包人、承包人共同确认的价格为准。若发包人、承包人未能就共同确认价格达成一致，可以参考造价信息价格。当市场价格变化幅度超过合同约定幅度时，采用加权平均法调整价格。③主要材料和机械市场价格的变化幅度小于或等于合同中约定的价格变化幅度时，不做调整；变化幅度连续三个月大于合同中约定的价格变化幅度时，应当计算超过部分的价差，其价差由发包人承担或受益。④人工市场价格的变化幅度小于或等于合同中约定的价格变化幅度时，不做调整；变化幅度连续三个月大于合同中约定的价格变化幅度时，应当计算超过部分的价差，其价差全部由发包人承担或受益。⑤人工、材料和机械计算后的

差价只计取税金。"（注：总承包合同原文）。此条款规定，部分施工单位将确认单价进入清单综合单价为错误做法，调差时双方各负担5%的涨跌价风险，价差部分不能参与计取税金以外的其他费用，人工单价应以施工期信息价下限为标准进行调整，且施工期的确定应由双方共同确认。这样，将施工单位不合理报价进行了较大幅度审减。

（七）对于索赔的审核

关于工期延长的索赔，施工单位不能提供由建设单位原因引起延误的证明文件。结算审核时对施工单位提出的索赔要求逐项进行分析、评审和反驳，否定其不合理的要求，最终没有形成索赔金额。

四、解决疑难问题的新思路

在本项目竣工结算审核过程中，不断的发现一些问题，有的得到了较好的解决，有的仍作为争议问题需要探讨和完善。作为本项目结算审核工作的负责人，也参与部分专业的具体审核事务，虽然工作已经全面完成，但回顾这个过程，也引起了很多思考。

（1）合同专用条款应尽量细致全面，具备指导性，容易对照执行。

（2）要求工程量清单的项目尽量详细，条件允许的情况下招标图纸尽量采用施工图纸。招标清单、合同预算宜采取简化项目设置，竞争性费用采用个别成本报价、一次包死的形式。

（3）招标阶段，可特别说明工程量清单仅作为编制综合单价的依据，要求投标单位认真校核并编制调整预算，随投标文件一并递交，否则视为投标单位对招标文件提供的清单实物工程量无异议，中标后不得调增，但可据实调减。同时可约定，以调整预算为基数，结算审核时工程量误差超15%的调整预算无效。

（4）针对深化设计或可能发生设计变更项目的不平衡报价，应在合同中（下转第95页）

阿里巴巴集团收购 ShopRunner 案例分析

高子超

（对外经济贸易大学国际经贸学院，北京 100029）

当下，中国以传统制造业为主的发展模式已明显不足以支撑经济的持续增长，而一些新兴经济体以其廉价的劳动力正加速在传统制造业市场同中国展开竞争。中国企业不能再以"MADE IN CHINA"维持自己的发展，必然需要将"中国制造"转变为"中国创造"。近年来，我国海外投资出现了全新现象，即中国企业走出国门的成功投资案例并非来自中国看似最具有优势的制造业，而是一些高新产业。这表明中国的经济在转型升级上迈出了积极的步伐。2014 年 9 月 19 日，中国互联网巨头阿里巴巴集团在美成功上市。本文以收购 ShopRunner 为例，对阿里巴巴集团的全球布局进行展望。

一、阿里巴巴海外投资情况介绍

阿里巴巴（以下简称阿里）对于中国消费者并不陌生，其旗下的淘宝、天猫等品牌几乎渗透到所有家庭的生活。但阿里巴巴并非仅仅局限于淘宝等电商行业，它已越来越多地渗透到各行各业，包括电商、金融、物流、社交、云计算、手机操作系统、互联网电视……阿里作为一个多元化的互联网集团，正在积极布置其产业结构，优化和完善阿里的生态系统。

物流对于阿里的生态圈就好像水之于鱼，没有物流的发展，阿里的发展将大受阻碍。而阿里在海外投资的步伐，也同样注重物流，在开拓海外市场时，阿里没有选择大举将主营业务推进，而先选择海外相关产业布局，2013 年阿里对美国物流公司 ShopRunner 的投资中可以清晰地看到阿里海外布局的轮廓和宏图。

阿里的目标早已跨越国界，国际化必然是阿里未来发力之所在，很早阿里就开始对海外进行投资了，而近半年来阿里更是在国外动作频繁。先是对高端奢侈品网站 1stdibs 的投资，2013 年 8 月又是 ShopRunner 的小部分股权购入，同年 10 月美移动创业公司 Quixey 亦获得阿里巴巴领投的 5000 万美元的融资，2013 年夏天，阿里巴巴领导新加坡独立财富基金 Temasek 对 Fanatic 进行了 1.70 亿美元的投资。因此我们也可以看出阿里海外投资的战略布局框架，即围绕电商、无线平台、物流展开。基本延续了阿里电商生态系统的战略思路。相信阿里未来在美国上市之后会有更多对于美国的投资，以便获得更多美国市场的认可，以及更好地了解美国的市场和游戏规则。

二、ShopRunner 公司情况介绍

美国 ShopRunner，成立于 2010 年，目前的 CEO 是曾因学历造假风波而离职的雅虎前 CEO 斯科特·汤普森（Scott Thompson），大多数时候该公司因其 logo 的绿色小人又被称之为小绿人。喜欢海淘的人并不陌生，它是目前全球唯一一家两日内送达物流快递服务公司，是电子商务软件运营商的鼻祖 GSI Commerce 旗下的分支，而 GSI Commerce 又是 eBey 集团旗下的重要组成部分之一。在 ShopRunner 中，用户

采用会员制，用户可以登陆网站或移动端注册，用户可以选择 79 美元一年制，或者 8.95 美元单月制完成付费，而后享受各个与 ShopRunner 合作的电商网站里购物免邮，且两日内即可收到商品的特色服务，这种免邮制根据用户购买的一年制或一月制时长享受无限次数的免邮服务。而所有的打包物流配送服务均由合作商家负责，ShopRunner 仅扮演开放平台的角色。对于成功完成支付的订单，ShopRunner 将收取 2%~5% 的佣金提成。

ShopRunner 的业务在美国目前虽然还没法和亚马逊的 Amazon Prime 业务相比，据统计 ShopRunner 的会员已达到 100 万，亚马逊的 Prime 业务用户据估计有 1000 万，但近年来业务和注册会员的扩张人数已让亚马逊坐立不安。ShopRunner 已经涵盖了几乎所有美国流行的品牌，包括各类服饰、电子产品、影视产品、运动、宠物、玩具游戏、旅行等各个方面，这进一步给会员带来了更全面的购物体验，并且 ShopRunner 还拥有一些其独家提供的商品，也能够享受便捷免费的快递服务。这种特色的快递服务使得其用户量大幅上升。

在移动端互联网发展势头正劲时，ShopRunner 及时推出移动端 APP，让用户能够更加便捷地通过手机等移动设备进行购物体验，为用户购物又提供了一个便捷的方式，2013 年 ShopRunner 又获得 2 亿美元的融资，这势必让它进一步扩张，而这其中大部分投资来自于阿里巴巴集团，这不仅是阿里巴巴海外拓展的一个标志，也是 ShopRunner 打开中国市场大门的一个契机，能与世界第二大经济体之间进行交易往来，而且又在中国对美国商品需求越来越多的时期，势必会对 ShopRunner 的发展带来强有力的推动。在未来 ShopRunner 借助中国最大的购物平台，可以更方便地打通中美市场之间的隔阂，为中美双方的消费者带来更多的实惠和利益。

三、阿里巴巴对 ShopRunner 投资分析

（一）阿里巴巴与 ShopRunner 投资合作概况

阿里曾在 2013 年 8 月对 ShopRunner 支付 7500 万美元，此时 ShopRunner 由 eBay 持有 30% 的股份，阿里对 ShopRunner 的投资旨在增强阿里与 eBay 之间的长期合作关系。继后在 2013 年 10 月阿里又斥资 2.02 亿美元收购 ShopRunner 30% 的股份，而此股份是 eBay 出售而得。此次投资也是阿里巴巴在美国市场上最大的一笔投资。ShopRunner 通过此轮融资，将更有能力与亚马逊 Amazon Prime 服务展开竞争，拓展其业务，完善其服务的网络布局，在电商市场占领更大份额。而阿里巴巴也可以借助对 ShopRunner 的投资熟悉美国的电商、物流市场，学习美国市场的运营模式与习惯方式。就像阿里巴巴董事会执行副主席蔡崇信曾在接受采访时表示了对美国市场的兴趣："从长远来看，我们对美国市场非常感兴趣。要进军这一市场，就必须了解美国消费者和这里的市场运作方式。"借助对美国物流和电商的投资来逐步探索美国市场，而不是自身直接贸然进入一个陌生的市场，这显然对于探索截然不同的两个市场不失为一剂有效的处方。就在 2014 年 5 月阿里与 ShopRunner 的合作进一步崭露头角，阿里与 ShopRunner 达成协议，一起筹备共建联合品牌，即一种在线销售网站，该网站将独立于天猫与淘宝，目前主要针对一些美国高端商品，网上下单后 10 日即可到达，中国消费者将享受美国同样的价格，但运费单独计算，占比高达商品价格的 20%，也就说 50 美元的产品运费将达到 10 美元，这显然是一个比较昂贵的额外支出，这也有悖于 ShopRunner 的物流宗旨。

ShopRunner 在美国又提供廉价的快递服务，即年费 79 美元即可享受无限制的两天到达的免费送货服务。

（二）阿里投资 ShopRunner 的原因分析

在电商高速发展十几年后的今天，电商的创新速度逐渐减慢，当然就目前而言笔者相信互联网将无疑继续占领未来发展最快的行业，但互联网发展周期逐渐进入成熟，这也难免让曾经一直享受高速发展的阿里集团想找到下一个突破口去再创奇迹，研究阿里最近投资布局可以看到，由于担心在未来不能占领互联网发展的前端，阿里在国内外的各行各业进行投资，以确保在未来发展上不至于出现短板。包括诸如打车软件、地图等。而在国外的投资虽然也是广泛撒网，但是主体主要还是围绕电商生态圈进行布局。阿里在美国对物流的投资更是打造了海外最大的一笔投资。这也可以看出阿里进军美国以及打造物流端的决心。阿里为何投掷重金在美国打造物流呢？究其原因可以总结为以下几点：

（1）阿里选择在美国上市，打造知名度，为上市做噱头，从而获取尽可能多的融资，这必然是阿里大手笔投资美国的一个重要因素之一。阿里放弃香港，赴美上市基本成定局。虽然阿里在中国已经掀起了一阵一阵轰动，而到了竞争更加激烈的国际市场，知名企业众多，竞争更加激烈，更多的面向国际买家，继续打造知名度是不可避免的环节。

（2）另一方面也更为重要的就是阿里投资物流企业也是为其在美国市场的进军打好基础。阿里选择投资 ShopRunner 更多的考虑是其战略布局的准备。一方面阿里在美国继续延续其擅长的电商行业，物流是电商的一个媒介，符合阿里电商进军美国的整体谋划布局。未来电商的发展必然会涉及销售平台、物流、通信等领域，而阿里在这几个领域均有投资。亚马逊作为美国最大的电商企业，几乎占领了美国网络销售的大部分份额，而 ShopRunner 作为一个新兴企业，其发展势头迅猛，更重要的是它一方面与亚马逊构成直接竞争，特别是在快递方面

发展迅猛，对亚马逊的优势业务构成威胁，这样可以让阿里从 ShopRunner 中学到更多关于美国物流市场的相关知识。另一方面 ShopRunner 又曾与 eBay 有密切联系，而 eBay 作为美国又一大电商平台，这也将在某种程度上加强阿里与 eBay 的长期合作，有利于阿里与 eBay 各取所需。

（3）熟悉美国市场环境。阿里对 ShopRunner 的投资也显示出了其对于进入美国市场谨慎的一面。阿里并没有直接进入美国市场与亚马逊、eBay 等构成直接竞争，而是选择先投资于其他企业进行学习和研究，待时机成熟再一举入市。阿里不与美国本土企业直接竞争有其明智的一面，如果贸然进入美国市场可能会面临犹如亚马逊在中国市场一样惨淡的业绩。因为海外企业进入其他国家面临着诸多因素的挑战，市场的差异是毫无疑问的，除此之外还涉及文化的碰撞，本土消费者的抵制，甚至还可能牵涉到政治等因素，所以不贸然进入美国市场而是先观察学习这是阿里谨慎与明智的表现。而学习和观察陌生环境最好的方法就是以第三者的眼光去看待全局。ShopRunner 涉及电商、物流等多个方面，阿里投资 ShopRunner 可以借助其对美国市场进行一个全方位的观察，探清美国这个市场具有的规则、习惯、文化、运营方式等，从而帮助阿里在日后进入美国市场时有充分的准备。

（三）阿里入"美"所面临的问题

阿里对 ShopRunner 的收购面临着与其他企业海外收购相似的问题。而阿里要进入美国市场也必然需要解决这些问题。

首先，外国企业进入某一国家必然会引起一些民众的反感，比如他们会认为这是自己民族企业衰败的表现以及外国企业对他们财富的一种吞噬，可能会引发一些抵制性的情绪。

其次，文化的交叉也让未来阿里在进一步投身美国市场有着不少需要学习的功课。美国

消费者的消费观念等与中国人有着显著的区别，能掌握美国人的消费观念，注重本土的消费需求发展，关系到未来阿里能否在美国市场站住脚跟。

再次，物流和电商行业的市场差异对于阿里也是全新而陌生的挑战。比如就电商来说，至少在如下三个细节上需要中国企业在海外经营中引起注意：①国内物流配送。许多电商对购物满一定额度就免邮，而在国外免邮的情况很少，比如美国普通商品都不免费配送，加急配送还需额外加钱。很多中国电商在国外经营会忽略这一点，从而在定价上不合理，企业的利润大打折扣甚至亏损，所以商品要结合配送费综合定价。②在国内很多消费者大多会选择支付宝或者网银付款，而在国外大多消费者都是通过信用卡进行付款，因此企业也应该考虑到付款环节可能产生的手续费等额外支出。③在产品细节上也需要多加注意，比如各种衣服的尺码在全球并非通用，中国的 L 码在美国就变成了 M 码。这些都是电商们也包括阿里等企业在赴美竞争中需要考虑得更精细的地方。

另外就如阿里与 ShopRunner 最新推出的海外购物的合作模式，虽然这打通了跨国购物通道，解决了跨境购物繁琐的过程以及商品品质方面的一些问题，但也面临着运费高昂的问题，使得这种合作模式的发展受到很大限制。

最后，政治的影响也是阿里需要考虑的风险之一。作为国内最大也极具影响力的企业，赴美一方面会引起中国政府的关注，另一方面也必然受到美国政府的一些"特殊待遇"。特别是阿里又涉及如此庞大的数据收集业务，这对于美国政府来说必然是一种忧虑。

（四）阿里海外投资可借鉴之处

阿里巴巴在中国不断的创新，催长着中国市场的成熟，改变着人们的生活。作为一个企业阿里在中国发展必然是成功和睿智的。而阿里如今试图突破国界进入一个更为成熟的市场，

这也是对阿里决策团队的一个挑战，而他们现在的策略也能让其他企业在以后有很多值得学习的地方：

第一，阿里在进入美国之前先选择借助一个公司去试探、学习，而不是贸然进入美国市场。这样可以避免不熟悉市场环境而带来的重大不确定性。而且如果直接进入美国市场亏损事小，重要的是作为一个新进企业如果没能做好品牌形象的塑造，那么再想在美国继续发展也会变得举步艰难。

第二，阿里选择对美国进行大笔投资的时间来看是在即将上市的前夕，这不仅是阿里迈向美国市场的一步，也是为阿里上市造势的一步。另一方面美国经济正在逐步走出阴影，这也让阿里在进入美国市场时有一个更宽松的环境。

第三，从阿里投资的企业来看，阿里选择了新兴物流公司进行大举投资。这一方面表明阿里决心要继续沿着电商生态圈的步伐继续前进。另一方面投资新兴企业一是可以用更低的成本在未来获得更好的效益，二是阿里也试图一如既往地利用创新打造市场。

第四，从阿里投资的行业来看，阿里选择物流行业，这必然是阿里生态圈中的一个中间环节，是电商能否运转的一个关键环节，阿里的投资是具有长远计划的投资，因此投资物流是阿里为其长远战略布局跨出的坚实一步。

第五，阿里选择 ShopRunner 进行投资也因为其业务与亚马逊、eBay 等有着密切的竞争与来往。阿里不仅可以从 ShopRunner 中去熟悉美国电商市场和物流市场的各个方面，而且也能在 ShopRunner 与亚马逊等美国大型电商企业的竞争中去研究他们是如何在美国市场中进行运营，如何拉拢美国消费者，从而占领美国电商业的大半壁江山。

第六，此外阿里毕竟其主营业务还在国内，而中国作为世界第二大经济体其潜力还有挖掘

的空间，还有很大的消费能力没有释放出来。而美国作为世界上最成熟的电商市场，美国电商的发展模式和路径可以为阿里在中国的发展道路上提供一些借鉴。

因此，阿里在 ShopRunner 中投掷重金至少可以为它带来这样一些利益，而且也显示了阿里作为一个一路走来绽放光芒的企业在投资策略上的精明之处。这对于其他企业在策划海外投资时也是可以普遍借鉴之道。

四、结语

在继"联想"、"吉利"等一批知名民营企业海外投资获得成功之后，作为中国互联网行业的龙头企业，也积极"走出去"，拉开了海外投资的大幕。这也代表了中国在科技等领域的逐渐强大，在中国经济转型升级的过程中需要这样一批带有中国旗号的大型企业走出国门，打造成为巨型跨国企业，为中国未来的发展谋求更好国际市场。而阿里在经营自己主营业务的同时，加强对其他衍生行业的建设，显示了阿里集团打造辐射多产业链的发展模式。从阿里的投资布局中我们可以看出阿里将继续围绕其电商生态圈开拓建设海外市场。但海外市场特别是美国等发达市场其竞争也异常激烈，在国际竞争中阿里的对手将来自世界各国，而市场的文化也将纷繁多样。阿里在未来国际市场的发展中还有很长的路要走。不过通过对阿里战略布局分析中也可以看到，他们有着雄心壮志，有着富有远见的目光，而且有理由相信未来阿里的团队能打开更大的市场，做出更惊人的举动。阿里将不止改变中国人的生活，也将改变全世界人民的生活。⑤

（上接第 90 页）约定不予调整综合单价或处罚条款。如遇到施工单位针对某报价明显较低的清单项，故意要求设计变更从而达到重新组价提高单价的目的时，可要求以原合同单价与预算单价的比率来调整新的预算单价。

（5）由于深化设计或变更引起的工程量变化较大或工作性质有重大改变使得继续沿用原有不合理的合同单价计价会严重损害到公平原则时，原有的合同单价应进行变更。

五、对未来造价管理发展趋势的构思与展望

（1）进一步明确与加强合同的约束作用，造价管理走上法制化轨道。要建立健全合同管理体系和制度体系，合同签订前多方审核，结算审核时严格执行合同条款。

（2）建立完善的工程造价信息系统，工程造价信息管理应遵循标准化、定量化、有效性、时效性、高效性原则，由工程造价管理部门组织咨询机构、材料设备及制品供应商和生产厂家等建立完善、快捷的工程造价信息系统。

（3）加强建设工程全面造价管理与控制。建设工程全面造价管理包括全寿命期造价管理、全过程造价管理、全要素造价管理和全方位造价管理。根据我国工程造价管理改革的指导思想和目标、现行的工程计价法规及工程造价管理的国际惯例，以设计阶段为重点的建设全过程造价控制，实施主动控制，实施技术与经济相结合，是控制工程造价最有效的手段。

六、结语

北京汽车产业研发基地项目有总承包和专业分包、材料采购等 20 多家单位参与建设，各单位工程累计申报结算金额 170000 万元，审减比例约 20%。整个项目的结算审核工作历时 8 个月，最终成果得到了建设单位与施工单位、供货单位的共同认可，取得了全面胜利。在未来的结算工作中，实施过程中的有效控制将发挥更重要的作用，做好全过程造价管理也势在必行。⑤

警钟为谁而鸣？

——"岁月号"沉船事件反思

付朝欢

（对外经济贸易大学国际经济贸易学院，北京 100029）

2014 年无疑成为人类历史上的又一个多事之秋，当人们还在为"马航"上的乘客祈愿时，南韩全罗南道珍岛郡屏风岛上又上演了"韩版泰坦尼克号"，令人惊讶的是，相比于 1912 年在北大西洋沉没的"泰坦尼克号"32% 的生还率，102 年后"岁月号"的生还率仅为 37.8%，被美国全国广播公司称之为"全世界最致命海难"，不禁反思，这场名为"天灾"实为"人祸"的沉船事件将会敲响谁的警钟？

一、"岁月号"的前世今生：事故发生经过

与 1912 年泰坦尼克号处女航沉船不同，"岁月（SEWOL）号"原本是由日本大岛运输株式会社参与制造，于 1994 年试航，为乘客定员 804 人的货运客运船。1994~2012 年在日本执行鹿儿岛到那霸的航线，"服役"18 年后出售给韩国清海镇海运公司，经改造成为 5 层可容纳 921 名乘客的客运船于 2013 年投入使用，并做了改造，此时船体长 145 米，宽 22 米，可载车辆，是目前韩国国内同类客轮中最大的一艘，主要往返韩国仁川和济州航线。

2014 年 4 月 15 日 20 点，"岁月"号客轮离开仁川港，踏上了驶往济州岛的旅程，乘客中包括 325 名修学旅行的京畿道安山市檀园高中的学生和 15 名教师等，此外还载有约 150~180 辆汽车和 1157 吨货物。16 日 7 时 55 分左右，船体受到严重撞击发出巨响并摇晃，几秒内船体发生倾斜，出现快速下沉，随后客轮发出求救信息，韩国海警赶往救援。9 点 31 分，"岁月"号在浸水后的两小时内，先发生侧翻，进而倾覆，而后船尾下浸、船首上扬，随后逐渐下沉。据最新统计消息，"岁月"号事发时搭载的 476 人中，172 人获救，281 人确认遇难，尚有 23 人下落不明。

二、"岁月号"事故调查结果：遇难原因分析

造成这次空前灾难的原因众说纷纭，事实上"内忧外患"的叠加作用使得这场灾难具有不可避免性，根据韩方事故调查的结果，当事人的证明言辞以及航海领域的专家的权威发言，大致总结有如下的原因：

（一）船体设计缺陷

一百多年前的泰坦尼克号的沉没也和船自身的设计有重要关系，当与冰山发生撞击，船体的铆钉承受不了撞击因而断裂，海水涌入水密舱，当时水密舱承受极限为 4 个，而进水部分为 5 个，超过了承受极限导致船只沉没。当初制造时也有考虑铆钉使用的材质较弱，而在

铆钉制造过程中加入了矿渣，但矿渣分希过密，因而使铆钉变脆弱无法承受撞击。

虽然轮船是拥有防破坏设计的，包括对外来力量的耐受考虑，但是制造的用途不同的船只的抗沉性是有差别的，沉没的"岁月号"最初在日本设计为混装客船，货舱内不设横舱壁，由于这种船下层要给车辆预留较大活动空间，因此舱内支柱少，结构强度弱，抗沉性差。并且下部货舱空间大，导致了整船的重心高，加剧了船的不稳性，同时降低了各甲板的强度。这种结构设计可能是导致其倾覆的重要原因。

（二）船体改造带来的"安全隐患"

自从 2012 年从日本买入"岁月号"后，在修理和扩建的过程中出现了船体左右不平衡的问题，因此导致"岁月号"一直存在着严重的安全隐患。

"岁月"号最上面甲板层后部被全部改装成了客房，原来二等舱的客房也全部被重新装修，甲板连廊通道被隔断。将船后面的室外空间改造为室内空间，船重量从 6586 吨增至 6825 吨，增加了 239 吨。客轮在船上面设有船舱，即使不改造，重心都比渔船要高，船上面出现新的建筑物，重心人为提高。改造后的"岁月号"内部布局较复杂，为了保证乘客的乘坐舒适性和时尚性，功能区域众多，降低了风险来临时人们的逃生速度。

（三）突然变更航向

"岁月号"选择了更换航行路线前往目的地，其出事的地方虽然距离韩国本土较近，但是其周边岛屿众多，海事状况较为复杂，更糟糕的是，船上的船员没有接受正规训练，毫无组织纪律可言，船长和其他 3 名航海师在掌舵的时候就出现了航海技术上的过失，可以毫不夸张地说这样一艘船就是在死亡线上航行。

（四）船底货物捆绑不牢

多位专家采访时分析，事发地区暗礁较少，"触礁"可能不是真实原因，而是因为船突然

改变航向。据韩海水部记录，如果船突然转向，离心力会导致堆积的货物倒塌并滑向一边，这样的话船就会迅速倾斜。舵手称用来捆三四层高集装箱的不是钢索而是普通绳子，如果船迅速转弯，在离心力的作用下绳子就可能会断掉。如果船体倾斜到甲板会陷入水中的程度，海水就会漫过来，船会迅速沉没，倒塌的货物也会将船壁撞出大洞。事故调查发现，海上露出的客轮前半部分也没有损伤的痕迹，就这一点来看，船体侧面或尾部触礁的可能也不大。货物捆绑不牢和船只突然转向的综合作用可以制造触礁的"假象"。

（五）船只严重超载

从韩国历史上的历次海难事件来看，超载一直是事故发生的重要原因。

"岁月号"最多能容纳 85 辆车，海警却允许装载了 148 辆车的"岁月号"出海。事发当天，"岁月号"载重为 2142 吨，为最大载重量 1077 吨的 2 倍。承载人数由 804 增加到 921 人，但并没有为这增加的一百多人匹配相应的救生船，相反为了增加甲板层的客房量，还把船桥后部原有的紧急摩托艇撤掉了。

在危险情况下，因为船体载重过多，导致倾斜的时候无法恢复平衡，并且，随着船体倾斜，船上的载货车和集装箱等捆绑不牢的物品也因为绳子断掉，加剧了船体的倾斜程度。

（六）船长和船员玩忽职守

"岁月号"上配备有先进的逃生设备，但事发时几乎没有发挥作用。44 个救生艇仅打开 2 个，4 个逃生船能容纳千人，却全部未打开。船长要求乘客"原地不动"的愚蠢指令和灾难发生后弃船逃命的丑行，无疑是此次海难中最主要的人祸因素之一。

在船身已经发生严重倾斜的时候，"岁月号"上的广播系统传出了"大家不要动，原地待命"的指令，使船舱内部各单元的乘客错过了最为宝贵的疏散逃生时间；随着船舱内部进

水量越来越大，又进一步加剧了船的歪倾速度，船上的电力系统全面停止工作，内部漆黑一片，应有的应急通道指示灯也未能正常工作，加之乘客对客轮内部复杂的布局和结构完全不熟悉，导致了悲剧的上演。

与忠于职守、虽有过失但誓与船只共存亡的泰坦尼克号的船长形成鲜明对比，"岁月号"船长李俊锡本应承担引导大家及时有序的撤离沉船的责任，却第一个坐着救生艇逃离事故现场，对船员起了非常恶劣的"示范效应"，多数船职人员凭借对"岁月号"内部结构较为熟悉的优势，"抢先"使用救生艇，使自己脱离危险，将客轮上的四百多名乘客无情地抛弃给冰冷的大海，最终导致伤亡情况如此惨重。

（七）乘客逃生意识不强

在悲剧酿成的众多原因中，也许最令世界人民痛心疾首的是：当客轮发生严重倾斜后，船上 325 名学生中大多数都是按照船长指示或老师的指令留在船舱中等待救援，最终错过了最佳的逃生时间；在幸存乘客中，不少人正是因为没有听到或无视船方指令，及时跑到甲板上或跳入海中，反而获救，包括一些偷跑到甲板上抽烟的叛逆学生。

灾难发生后，在发现的遗体中发现有学生把手绑在一起，视死如归，但这样的行为显然缺少常识。"岁月号"死亡人数如此之大，除了船员处置不力和玩忽职守，也与民众缺少必要的逃生常识密切相关。船只沉没时有多种情况和信息提醒乘客和学生们逃生，相比于泰坦尼克号，"岁月号"出事海域海水温度为 10℃左右，在这种情况下，如果落入水中，有 1 到 2 个小时的生存时间。有报道称，一艘油轮 DragonAce11 号 9 时 33 分抵达距"岁月号"50 米处，曾经鸣了几次汽笛，以提醒乘客逃离，轮船上的学生没有人观察和思考这一危险处境，更没有人组织大家果断采取逃生行动进行必要的自救，可见乘客缺乏最起码的自救常识。

（八）政府救援不力

这次海难可以说是在全世界的媒体直播下发生的。救援力量在半小时后就抵达出事地点，近三个小时的时间，大部分人却没有被救出。"岁月号"就在众目睽睽之下及救援队的包围下带着无法出来的乘客不可阻挡地缓慢沉入海洋坟墓。

在整个救援过程中，韩国的海警却上演了一幕又一幕的闹剧：荒唐的海警接警员对打电话报警的学生再三追问经纬度；接到报警后，由于没有会驾驶快艇的海警，只派一艘警备艇，潜水员只好另外坐车前往珍岛；在搜救过程中，海警对乘船人数和被救人数的统计数字在事故初期更改了七次，其原因主要在于韩国政府目前采用的客轮乘客信息管理系统停留在 20 年前的水平。

韩国总理郑烘原因为此次救援不力引咎请辞，虽现已复职，在解释辞职的理由时他说，"政府在事先预防和事后救援方面存在疏漏，为此向国民表示深深的歉意。作为国务总理，理应承担全部责任并辞去现有职务。"朴槿惠也就沉船事件向国民道歉。因大型事故处置不力，国务总理辞职，总统向国民道歉的情况不足称奇，但这次沉船事故与以往相比，对韩国政界和社会的冲击更大。

三、"岁月号"悲剧反思：警钟为谁而鸣？

（一）客运安全问题

韩国地理位置三面环海，船舶是韩国无论是日常交通还是商务贸易上经常使用的工具，此般沉船事故的发生，在韩国已不是第一次。

早至 1970 年，"南荣号"客轮承载 338 名旅客从济州岛出发，驶往釜山港途中，在全罗南道对马岛西方 100 千米左右的地方发生沉船，当时死伤人数达 326 人。据悉当时沉船的原因是超载及航行技术问题，发出紧急信号以后也没能采取良好的逃生措施。1993 年在全罗北道扶安郡附近曾发生"西海佩里号"沉没事故，因为浪大航行较难，决定返航时发生事故沉船，夺去 292 条生命，超载也是重大原因之一。这次的"岁月号"沉船事件，无疑刷新历史记录成为近来韩国历史上第一大沉船惨案。

不难发现历史上的沉船事故，虽然是不一样的悲剧，超载和船只质量不合格是相同的事故原因。如何升级客轮乘客信息管理系统，在出航前加强安全监管，避免不必要的安全隐患，提升危机时的应变能力和求生技巧，应该成为韩国国民最应该反思的地方。

（二）政府公信力问题

韩国政府的救援不力是悲剧发生的另一方面原因，大多数学生选择服从安排，错过了宝贵的逃生时间，其心理基础可能是强烈的民族自信心和对本国政府的信任，显然这次政府没有为民众及时高效地解决危机，政府的公信力也因此受到了空前的冲击，不能仅仅以总理的引咎请辞和总统道歉作为对国民的交代，如何重新获得公众的信任，才是韩国政府真正要着力解决的问题。香港的《大公报》指出，沉船事件暴露韩国整体的问题和无能，要纠正就要改变以公职社会为首的韩国所有领域，改革官僚社会的弊端。

目前，韩国朝野对"岁月号"沉船事件的问责中，不断出现进行国家层面系统改革的呼声。总统朴槿惠指出，韩国社会许多角落由来已久的不规范和根深蒂固的陋习终酿成这次大祸，其中包括为了效率而轻视、忽视安全监管，监管者与被监管的企业串通一气等，强调公务员要做到"责任行政"以取得国民信任。可以预见，"岁月号"沉船事件已超越单纯的安全事故本身，势将成为韩国下一步社会改革的开始。

（三）家庭教育问题

在韩国的传统文化中，服从上级命令，信任权威的思想根深蒂固，再次让韩国的家长们反思自己的教育，重新思索对于权威的服从，尚未步入社会的学生们把自己的生命托付给了不负责任的船长，但没想到做一个服从指挥和命令的人，却最终葬送了自己的生命，灾难之后，韩国家长该如何教育自己的孩子？继续绝对服从长辈或权威的指导，还是按照自己的判断行事？这无疑将引起一番激烈的论战。

王旭明在《岁月号沉船，教育规律没变》一文中写到："当下诸多教育规律中，有一条常常被人忽略，那就是教育效果从来都是学校教育、家庭教育和社会教育的综合作用下的结果，而不是孤立的、互不相关的。"表面上看孩子们遇害是听话和不听话的问题，从实质上说是船员职业精神败坏引发恶劣后果的问题。如果在油轮上船员训练有素、遵守职业道德，乘客在听从指挥的情况下，顺利逃生的几率更高。孩子们的成长不应只倚靠家庭和学习的教育，社会的教育也很重要，这次对船员的公审也将起到一个激浊扬清、清本正源的教育效果。

（四）职业道德问题

在泰坦尼克号海难中，超过 70% 的妇女生还，儿童的生还比率也超过 50%，但男性存活的比例只有 20%。而在这次的韩国"岁月号"沉没事故中，29 名船员中有 23 人被救，占比 79.3%，学生乘客 325 人中仅 75 人获救，不到 25%。船员生还率远高于乘客生还率。韩国海警公开了记录"岁月号"沉没时船员们最先逃生的视频，视频时长约 10 分钟。在视频中，船员们脱去制服换上便装后，顾不上打开就在身旁的救生筏，慌忙登上最先抵达的救生艇，逃离了现场。而前一天曝光的另一段舱内视频则显示，与此同时学生们听从指挥原地不动，并且互相谦让救生衣。据被救学生说，没有一个人看到船员给乘客发救生衣。

泰坦尼克号上船员们的"海上骑士精神"让人肃然起敬，海难当前妇孺（下转第 75 页）

论建筑企业海外法律风险管理

周清华

（中国建筑股份有限公司，北京 100037）

一、国际化的意义

中国企业的国际化经营，既是国家战略导向和引领的结果，也是企业自身提升经营管理的内在需求和必然选择。国家的竞争力，在于企业。"走出去"能够缓解国家能源紧张、转移过剩产能、平衡资源价格、平衡国际收支、增强企业国际竞争力。这是国家战略的必然选择。国际化经营可以拓展新的发展空间，整合全球生产要素，平衡企业风险，寻找新的利润增长点，这是企业自身发展的内在需要。截至2014年3月末，国家外汇储备余额为3.95万亿美元，排名世界第一，占全世界外储总量的三分之一。在巨额外汇储备的光环下，各界对中国企业"走出去"寄予厚望。党的十八大以来，国家进一步加大了对实施"走出去"战略的支持力度，并通过加强国际合作、建立自贸区和实施公共外交等为企业"走出去"创造良好的外部环境，并在金融、财税、外汇、人才和机制方面加大支持力度，为中国企业"走出去"提供坚强后盾。中国企业"走出去"迎来了新的发展机遇。

商务部数据显示，2013年，中国境内投资者共对全球156个国家和地区的5090家境外企业进行了直接投资，累计实现非金融类直接投资901.7亿美元，同比增长16.8%。投资重点流向商务服务业、采矿业、批发和零售业、制造业、建筑业和交通运输业。

对外工程承包已成长为带动货物出口、劳务输出、境外资源开发、对外投资、技术贸易和获取服务收入的综合载体，成为落实"走出去"战略的最成熟、最可行的发展路径，成长为我国服务贸易出口的优势产业。中国对外承包工程行业业务规模不断扩大，除亚洲和非洲市场仍占主要份额外，拉美、中东欧等地区也不断扩大，市场分布呈多元化发展。

根据中国对外承包工程商会发布的《中国对外承包工程发展报告2013》显示，2013年，我国对外承包工程新签合同额1716.3亿美元，同比增长9.6%，对外承包工程业务完成营业额1371.4亿美元，同比增长17.6%。截至2013年底，我国对外承包工程业务累计签订合同额11698亿美元，完成营业额7927亿美元。即便是在2009年面对全球金融危机的不利影响，在对外贸易和利用外资都大幅下降的情况下，对外承包工程逆势大幅上扬，新签合同额1262亿美元，同比增长20.7%，成为我国外经贸领域的亮点，为稳外需、促就业、保增长工作作出积极贡献。

二、中国建筑的国际化战略

中国建筑1978年率先进入国际市场，迈出海外经营第一步，30余年来，矢志不移地贯彻国家"走出去"战略，坚持"国际化"思维，不断在实践中探索和反思、调整和发展，坚定信心、锐意进取，实现了全球化的市场布局和引人注目的经营业绩。目前中国建筑设有26个海外分支机构，经营范围覆盖了 30 余个国家和地区，包括美国、新加坡、阿联酋、阿尔及利亚、博茨瓦纳、刚果（布）、赤道几内亚、香港等。公司的海外经营模式从最初的劳务派遣、工程承包等相对单一的经营模式，发展为传统承包模式与投资并购等资本运营模式相结合，并逐步向主营业务的前后产业链延伸。

1984 年中国建筑在中国公司中率先跻身全球 225 家国际大型承包商行列。2006 年成功跨入财富全球 500 强。2009 年，中国建筑成功上市，成为年度全球最大的 IPO。在 2012 年中国建筑实现营业收入 5715 亿元，在世界 500 强企业中，排名第 100 名，列全球建筑企业第一，同时位列 2012 年美国《工程新闻记录》（ENR）全球承包商排名第 3 位、国际承包商排名第 22 位。2013 年，中国建筑实现新签合同额 12748 亿元，同比增长 32.9%，实现营业收入 6810 亿元，归属股东净利润 204 亿元，分别同比增长 19.2% 和 29.6%，在世界 500 强企业的排名攀升至第 80 位，保持全球建筑企业第一位。

在新的历史时期，中国建筑确立了"成为最具国际竞争力的建筑地产综合企业集团"的战略目标，大力拓展海外业务，力争在国际市场中乘风破浪，再创佳绩。中国建筑提出了"大海外战略"，要通过人才、资金、技术上的大投入，构筑中国建筑科学的"大海外"经营体系，实现经营领域、市场布局、资源支持体系乃至思维模式、管理模式的整体提升，将中国建筑发展成为全球知名品牌。

三、建筑企业海外经营法律风险

尽管中国企业海外工程承包在过去三十年取得了非凡的成就，但当前中国工程企业在"走出去"过程中仍然面临着诸多棘手问题，特别是在承包模式变化、国际承包市场竞争日益白热化及国际政治经济环境不稳定的情况下。近年来中国企业海外工程承包屡屡爆出巨亏事件。

众多海外工程的失败或亏损案例为中国建筑企业的海外经营敲响了警钟。国际工程承包的项目投标、管理、建设等是一个系统的法律工程，每一个环节都要靠法律合同来界定与保障。以建筑企业海外生产经营活动为主线，海外法律风险包括市场进入、市场营销、合同签署、项目履约、争议解决等五大风险。

（一）市场进入风险

市场进入风险体现为拟进入的国家或地区的宏观环境风险和市场进入时的商业注册风险。宏观环境风险主要包括政治环境、经济环境、法律环境等风险。宏观环境风险虽在市场进入阶段需重点考虑，而实质上该风险贯穿于项目实施始终。

（1）政治风险。政治风险已成为影响中国企业海外经营的关键因素之一。政局不稳、恐怖威胁、双边关系、政策变更等，都会使海外经营面临较大不确定性。例如，利比亚战争、中越关系、埃及骚乱、泰国动荡等，中国企业均遭受不同程度损失，如工程停工、工程款难以回收、人员撤离甚至人员伤亡等。

（2）经济风险。一个国家的经济发展、经贸政策、财政收支、外汇管理、物价水平、汇率变动、劳动力供应、交通运输情况、失业情况、金融服务、网络通信、医疗教育、宗教信仰、民风民俗等信息，有的很大，看似遥远，有的很小，看似琐碎，但却都与海外业务开展息息相关。例如，经济发展放缓，意味着市场可能萎缩、项目可能停工等。失业人口比例过高，则会增加社会不安定因素。

（3）法律环境风险。海外经营中，了解和熟悉当地法律和规则异常重要。知法方能守法和用法。例如，如果不了解当地国税收政策和规定，可能导致项目税收成本上涨，吞噬企业利润，不了解当地劳动法律，可能导致屡屡发生劳动纠纷等。

（4）商业注册风险。当企业决定进入一

个国家和市场后，首要的问题是商业注册。建筑企业进入海外市场可以选择注册代表处、分公司、全资子公司或合资公司等，具体选择何种商业主体形式，需考虑目标市场容量和定位、市场经营和投标需求、税负、股东责任承担等因素。如果当地法律规定，公司注册需要多名股东或在当地国设立公司，必须由当地国人控股或参股，则商业注册中存在委托持股的风险。

（二）市场营销风险

市场营销包括项目跟踪、投标、商务谈判等活动。项目跟踪阶段主要包括施工环境风险、建筑材料供应风险、建筑机械供应风险、分包资源风险、业主资信风险等。招投标阶段主要包括投标合作风险和投标报价风险。商务谈判中的法律风险主要包括合作协议、备忘录、意向函等文件签署风险。

（1）施工环境风险。工程所在现场的地理、地形环境和未知的地质、水文等条件构成了工程环境风险。如高层房建项目处在海边、河边，由于地下水位高而导致降水困难；公路项目穿越高山、深壑需要修建隧道和桥梁等；工程深处内陆，交通运输条件差，周期长。

（2）建筑材料供应风险。如项目所在国家工业基础薄弱、建材资源匮乏，物价高、产品单一，产量低，无法满足项目实施要求，或者项目本身要求采用发达国家产品，这些因素都使得承包商须从国外采购进口大量的建材物资，采购周期和成本均会加大。

（3）建筑机械供应风险。国外复杂多变的施工环境需要承包商在工程机械设备的选择采购更有针对性。如能在非洲热带雨林和雨季环境中保持高效作业和耐久性的土方、道路施工机械；充分考虑在中东炎热的沙漠高温环境中设备选择的特殊性。海外工程的工程机械采购和运输周期长，进出口环节多，费用高，如果到工地后不能使用或效率太低，将直接影响工程履约，造成成本浪费。

（4）分包风险。如工程所在地经济发展落后，当地分包商少，承包市场还处在卖方市场，将导致承包商选择分包资源的余地小，议价能力弱。但如考虑从中国或第三国引进专业分包商资源，则可能存在价格超出预期，以及由于存在外国人员工作签证办理周期等因素制约，可能导致进度滞后。

（5）业主资信风险。业主资信状况是承包人在项目跟踪阶段首先需要了解的信息。业主是否依法设立并有效存续、项目资金是否已经落实、业主履约记录情况、业主项目管理能力等，甚至包括业主所聘监理公司专业能力和职业化程度，都会影响项目成败。

（6）投标合作风险。为了在投标竞争中获胜，或者是基于当地的法律规定，有时需要与外部优势资源进行合作。联合投标一般需组建联营体，联营体可分为联合施工联合体和分担施工联合体。联合施工联合体是各方按照参与比例承担义务、享有权益，联合投标、联合管理。分担施工联合体是各方各自承担一部分工作内容，可以按设计、设备采购、土建施工等区分，也可土建工程分为若干部分，各方各自负责施工、采购、安装和调试等[①]，但对业主，各方仍应承担共同的连带责任。

（7）投标报价风险。该风险主要体现为三方面：一是招标文件要求；如是否需要在所在国注册、承包资质等级、资金能力、业绩，是否要与当地公司组成联营体或者达成合作意向，以及是否有能力办理和提交投标保函、授权书等。二是报价风险；报价时应认真审查图纸、量单等招标材料，避免报价漏项，仔细调查清楚当地设计和施工规范对工程进度、项目成本的影响，在工程量计算、询价、组价时要充分

---

① 参阅《中国铁建股份有限公司沙特麦加轻轨项目情况公告》，《上海证券报》2010年10月26日。

考虑这些影响，不可想当然地照搬国内的作法，造成报价失误。三是程序与形式风险；例如，按招标文件要求及时参加标前会、参与投标答疑，严格按要求组装、装订、签署、签字、提交等，确保完全符合招标流程和要求，避免废标。

（8）商务谈判风险。市场营销中，承包商需要不断与业主进行谈判，签署标前合作协议、谅解备忘录、意向函，或者投标后需要出具承诺函等文件。此类文件，看似不属于协议或合同文件，容易忽视，甚至可能未经慎重考虑和评审而对外签署，实质上对双方具有一定约束力，如诚实信用原则的义务，特别是个别所谓的意向函或备忘录中包括明确的义务性条款，尤需慎重。

（三）合同签署风险

合同是企业对外经营的必由之路，前期市场营销和谈判，其成果最终都要以合同的形式体现和固定。合同条款的完善和风险设计的合理，会有效保护我方权益，抑制对方的违约冲动，或在将来的诉讼中抢占先机。在针锋相对的诉讼中，合同中的每一个条款、每一个词、每一个字，都可能意味着潜在的赢或输。

（1）工期条款风险。工期条款向来是国际工程合同中最重要的条款之一。由于业主往往要求项目的最终价格和工期有更大程度的确定性，工程一旦延期，承包商常常会面临较高的误期违约金处罚，甚至可能遭遇合同被终止、保函被没收的困境。工期条款一般重点关注开竣工时间、工期、误期违约金和工期索赔。

（2）技术规范风险。技术规范对项目的顺利履约、成本控制都有关键意义。在一些发达地区，如欧洲、美国、中东等都自有或选用较为完备的国际技术规范体系。项目招标时即明确项目适用的规范清单，或者编制详细的项目规范。一些国际规范和国内规范在材料设备

参数、工艺方法、验收标准等方面差别较大，在项目跟踪和投标时要充分认识到这一点。

（3）价格条款风险。依照合同计价方式的不同，可将国际工程合同分为总价合同、单价合同、成本加酬金合同等类型。不同计价方式适用于不同类型的工程，当事人承担的风险不同。承包商在固定总价合同中承担的风险较大，在海外工程中也更为常见。总价合同需特别注意报价的准确性和全覆盖，不能存在漏报或工程量计算错误，同时需关注价格调整的条款。

（4）保函条款风险。保函是保证人（银行、保险公司、担保公司等）根据申请人的申请向受益人开出的，保证申请人可以正常履行合同约定某种义务的独立书面保证，包括投标保函、预付款保函、履约保函、保留金保函等。国际工程中保函一般为无条件见索即付的独立保函，业主兑付保函不需要提供实质性证据，在发生纠纷时或业主恶意的情况下，承包商保函被不合理兑付的风险很大。保函需重点关注保函额度、是否存在可转让或减值约定、有效期、保函争议的适用法律与争议解决方式等。

（5）争议解决条款风险。选择何种方式解决可能发生的争议对承包商权利的保护至关重要。如可行，承包商应尽量争取国际仲裁，避开当地法院或当地仲裁机构。仲裁语言尽量选择通用的英语。仲裁地的选择需要综合考虑公平、便利、效率、未来裁决的执行等因素，可在具有悠久仲裁历史传统的纽约公约成员国中选择对双方均便利的第三国进行仲裁，如伦敦、巴黎、瑞典、新加坡、香港、美国等。

（四）履约风险

在激烈的市场竞争中，今天的现场，就是明天的市场。良好的履约，是承包商最为根本的合同义务，因此可谓承包商安身立命之本。君子务本，本立而道生。项目的失败，很多是

---

① 参阅《国际工程招标与投标》，张守健、台双良主编，科学出版社，2011。

因为履约的失败，比如工期延误或质量瑕疵。

（1）环保与安全风险。海外经营应注意把当地安全规定融入企业职业健康、安全和环保体系制度。很多国家对此非常重视，监督检查和处罚也都很严格。如果在实施中重视不够，则将面临承担额外投入和成本或政府处罚及环保组织抵制影响施工的风险。中国海外工程公司在波兰公路项目的失败对中国承包商具有很强的警示，其中环保问题尤其令人印象深刻[①]。

（2）工期延误风险。工期是对公司综合实力的考验。设计管理、施工组织管理、采购管理、劳务管理、资金管理等各种软硬能力，其中任一方面能力的不足都可能导致工期的延长。同时，业主拖欠工程款、图纸延误、道路通行权提供延误、验收延误、审批延误、工程变更、不可抗力等非承包商的因素，也会导致工期的延长，这又会考验承包商在外部不利因素下的调控和驾驭能力。工期延长虽然实际中既有业主的责任，也有承包商的因素，但由于在工期责任问题上，主要的举证责任压在承包商身上，而业主一般只需证明实际竣工日期晚于合同约定即可。这对承包商在项目实施中的索赔管理、证据管理等提出了很高的要求，尤其是在一些更加重视合同履行、更加重视证据支持的国家，业主可能因为工期延误而单方终止合同，承包商可能因为缺乏证据支持而导致工期索赔不能获得支持。

（3）拖欠工程款风险。依约支付工程款是业主最大的合同义务。一旦业主拖欠工程款，承包商将面临项目管理被动、现金流压力剧增、下游分供商甚至劳务工人不稳定的境地，项目工期被迫延长。因此，拖欠工程款最终会损害包括业主在内的项目参与各方的利益。

（4）劳务风险。劳务风险是建筑企业海外经营中尤其需要关注重大风险。海外劳务包括中国劳务、属地化劳务和第三国劳务。劳务管理做的好，则可以提高劳动生产率，加快施工进度。劳务管理做的不好，则会造成窝工，甚至酿成群体性事件，例如集体罢工、围堵项目、上街游行、高速堵路、打砸车辆、对峙（甚至暴力）警察等，企业遭受巨额财产损失，企业声誉和国家形象受损。

（5）授权风险。授权可以分为管理意义上的授权和法律意义上的授权。管理意义上的授权，是企业内部为提高管理效率和经营绩效而把权力分配不同部门和人员行使的行为，其实质是管理权限在企业内部的划分。当各部门或人员在外部经济往来中，业务对方往往需要我们把这种内部管理授权中的一部分权限书面化，以授权委托书这种法律文件的形式明确，这就形成了法律意义上的授权。在企业对外部的商业经营中应重点关注的是法律意义上的授权，即授权委托书或其他书面文件，不能简单地通过对方人员的职位而认定对方会有什么权限，职位并不能等同于权限，无论其是公司副总或者更高位置，判断的依据只能是书面授权文件。同时，对于对方权限的审核，不能局限于公司法定代表人签署的授权委托书，甚至需要股东会或董事会的决议文件。

（6）索赔风险。索赔要有法律依据或合同依据，要有翔实的证据材料支持，要有强大的商务谈判力量支撑。关于索赔，一般都要求在索赔事件发生之日起28天提起，逾期未提起视为索赔权利的放弃。

（7）证据风险。采用文字形式记录下工程实施过程中的关键事件，做到往事可追溯、可检索，使后来人仅凭阅读过程资料即可了然于胸，可尽力避免由于海外人员流动频繁带来管理的中断和工作经验的流失。过程资料的完整收集与保存，对于事后可能发生的诉讼，至

---

① 参阅 http://finance.sina.com.cn/chanjing/sdbd/20110725/121810202007.shtml，2014年6月12日访问。

关重要，甚至谓之决定成败亦不为过。承包商应重视证据的合法性和关联性，重大的索赔、关键文件的准备和形成，应经过当地律师与合约专家的审核。

（五）争议解决风险

招之能来，来之能战，战之能胜，这是海外经营的核武式"保障"。兵法云：兵者，国之大事，死生之地，存亡之道，不可不察也。当然，决定"战争"成败的因素很多，并非只是简单地依靠诉讼技巧便可获得胜诉裁决。争议解决的过程，同时也是对前期市场营销、签约和履约过程管理的检验，是对企业国际化运营和风险管控能力的考验。

（1）DAB 裁决。DAB 方式是介于工程师决定和仲裁诉讼之间的、通过争端裁决委员会(Dispute Adjudication Board，简称 DAB) 来解决工程争议的方式。DAB 在收到申请报告和证据后可展开现场调查、召开听证会，并应在较短的时间内作出决定，如果双方没有在规定时间内发出不满通知或继续提交诉讼仲裁，DAB 决定即成为对双方均有约束力的最终解决方案。DAB 采用中立的第三方专家裁判以及非对抗的争议解决方式，有利于防止双方合作关系的完全破裂和两败俱伤，减少诉讼风险。

（2）仲裁与诉讼。仲裁裁决和法院判决对当事人均有法律约束力，在满足法定条件的情况下可申请强制执行。无论是仲裁还是诉讼，都面临优质律师选择、高昂的律师费用、专家鉴定费用、证人交叉询问、语言和裁决执行等诸多不确定性因素。仲裁或仲裁中一举一动，都可能影响最终的结果。同时，如在工程所在国诉讼，更会面临地方司法保护和裁判不公的风险。

（3）和解。和解可以由双方友好协商达成，也可以经由中立第三方调解达成，或在争端裁决程序、诉讼、仲裁等争议解决程序的任何阶段达成。双方达成和解后应及时签署和解协议，以固定谈判成果，定纷止争，并及时跟踪和解

协议的履行。在诉讼或仲裁过程中双方经调解达成一致或自行和解的，一般都可以请求法庭或仲裁庭根据双方的和解协议制作调解书/仲裁调解书，与判决书、仲裁裁决书具有同等法律效力，可以请求法院强制执行。

四、海外法律风险管理建议

世界经济正处在深度转型调整，多双边经济对外谈判频繁，国际经贸规则孕育变革，企业国际化经营的外部政策法律环境更加复杂，例如美国主导的跨太平洋伙伴关系协议（Trans-Pacific Partnership Agreement，TPP）。企业国际化经营中的法律风险日益凸显，加强境外法律风险管理迫在眉睫。

（一）提高海外法律风险管理意识

企业要牢固树立规则意识和依法合规经营理念，高度重视和发挥法律在企业国际化经营中的支撑保障作用，注重掌握运用国际规则，遵守所在国家法律以及我国关于对外投资、境外国有资产管理的法律法规和规章制度，不断提高运用法律思维、法律手段解决国际化经营遇到的各种问题的能力[1]。不少中国企业海外经营仍习惯于"中国式"打法，轻视规则，喜走"捷径"，其结果却事与愿违，往往是名利双失。

海外经营应坚持"走向海外、法律先行"的理念，不仅重视"市场"上的走出去，更需重视企业文化、资源保障、管理体系和风险防控机制的走出去，法律服务应融入海外经营，不断完善海外法律风险管控机制，建立"事前防范和事中控制为主、事后救济为辅"的海外法律风险防控体系。

（二）健全海外法律管理体系

法律机构、人才和制度流程是海外法律风险管理有效开展的保障。只有建立集团－海外机构－项目的三级法律管理体系，在海外机构设立法律部门或派驻法律人员，才可能使法律管理融入到海外经营管理的最前沿。法律人员的参

与，能够把企业内部的管理需求与当地国外部的法律要求有机融合，实现以法律促进管理。

培养一支专业化、职业化、国际化的法律人才队伍是成为世界一流企业的内在需求。法律人员要有国际化的意识和胸怀，思考问题不能只局限于本国和本地区；要具有国际化的沟通能力，除了掌握语言能力，还要了解、熟悉所在国家和地区的法律、风俗和文化，实现在不同文明和冲突中的良好对接。

海外经营应逐步建立和完善与国际化经营相适应的规章制度，将法律风险防范机制嵌入到境外投资并购、项目承接、公司治理、财税管理、劳务用工、环境保护、知识产权等业务流程，推动建立从市场进入、项目跟踪、招标投标、合同谈判、合同签约、合同履行、争议解决等全面、全过程覆盖的法律风险机制。

（三）重视舆情监控

兵法云：知彼知己，胜乃不殆；知天知地，胜乃可全。环境调查是海外风险管理的基础和前提。环境调查可通过中国驻当地国大使馆和经商处网站或国际知名企业或机构网站搜集，可向中国驻当地国使馆和经商处官员、商会和企业人员或者当地国驻中国使领馆工作人员面询了解，可通过聘请国际中介机构调查或当地国机构调查，或根据需要实地考察。

世界是运动的，应时刻关注外围环境的变化，以联系的观点看世界，系统思考，见微知著，见一叶落而知天下秋。环境的变动是一个连续不断的过程，即使出现突变，也是各种矛盾长期积累的结果，由量变走向质变的过程。《易经》曰：履霜，坚冰至。冰冻三尺，非一日之寒。有效的监控系统能够使企业及早发现问题端倪，在风险到来之前赢得宝贵的时间，提前准备，妥善应对。

（四）注重属地化

海外经营要有全球化的思维和属地化的运作。属地化是双赢思维，是润物细无声式的管理艺术。善用兵者，取用于国，因粮于敌。如果企业能够加强与东道国各界利益上的融合，那么产生风险的可能性就会减小，受到的损失和影响也会降低。这种融合体现在人员的属地化、分包商的属地化、物资采购的属地化、融资属地化等，同时也体现在管理方式的属地化。例如，当遇政策变化时，劳工组织会形成保护，政府或许会因此改变不利的政策。若发生战争或内乱，亦可减少工人遣散费用和重新进入的费用和时间。

（五）制定应急预案

常有备，则无患。利比亚战争、埃及骚乱、泰国动荡、越南打砸中企事件等都在提示应急预案的重要性和迫切性，而事实上应急预案更应重视在平日，作为海外机构日常管理中不可或缺之部分。海外经营应制定包括紧急撤离预案、重大自然灾害应急预案、重大事故灾难应急预案、社会骚乱应急预案、工人群体性罢工应急预案、重大安全卫生事件应急预案、恐怖袭击应急预案、重大新闻事件应急预案等在内的方案。预案核心内容应包含组织体系、预防机制、报告程序、实施处理、资源保障等。资源的日常积累对于应急预案的有效落实尤为重要，例如当地国政府资源、医院资源、司法资源、交通资源、卫星电话等。

（六）建立司法资源网络

居是邦也，事其大夫之贤者，友其士之仁者。资源网络是欲善其事之利器。法律资源是企业的"外脑"，能够为企业在当地国的发展提供巨大帮助。关于法律资源网络，需重点关注其专业能力、资源协调能力、职业操守及费用情况等。不奢望对方十项全能。司法资源不局限于律师，还包括法学专家、工程合同专家、

---

① 参阅《关于加强中央企业国际化经营中法律风险防范的指导意见》，国资发法规（2013）237号。

法官、检察官、警察、鉴定专家等。可以由点及面，逐步建立全面覆盖的司法资源网络。司法资源网络应定期更新，不断补充优质资源，淘汰有所欠缺者。

（七）坚持学习和总结

海外经营,学习和总结至关重要。到了海外，一切都是新的，都需要去学习，从握手、打招呼等生活细节，到订立约会、商业谈判、诉讼审判等工作问题，都与中国有所不同，都有其自身运行特点。通过这种学习与实践，培养了国际化思维，增强了对异族文化的理解，也就更容易去接纳和包容不同。总结是一种沉淀，是对学习、工作中经验教训的积累，积累就意味着进步，日积月累，则日新月异。每做一件事，都要有所收获，都要总结其中得失，都要积累一部分资源，从而成为今后类似工作的指导与参考。通过这种一"点"一"点"的经验与资源累积，逐步成"线"、成"面"，最终实现点、线、面的跨越。海外人来人往，如若没有这种书面总结，一旦人员回国，则一切随人离去，同一件事，需要重新摸索、从头再来，同一个错误，后来人或许还要重新再犯，同一个地方，或许两次、三次地栽跟斗，相同的业务对方，却需再次花费时间、精力去对接，实在浪费、可惜。而前人通过总结过往得失，形成书面报告，会为后来人提供巨大的帮助，虽然未必是"巨人的肩膀"，至少也是"垫了一块砖"。

（八）培养包容心态

包容是大智慧，以包容之心从事，才能行事周全，无往不利。"从管理上来说，我们的心能包容多大，就可以领导多少人。①"海外经营各种风险，如处理不当，最终都会以法律形式体现。国际化经营需要了解并承认文化的差异、地域的差异、种族和人的差异，学会与来自不同文化、不同国家和地区以及不同民族的人相处和工作，需要以全面、多角度的眼光对待和处理问题，不能狭隘、孤立地看问题，能够包容差异和不同，解决文化冲突，平衡矛盾，在不同的文明冲突中长袖善舞。"物莫不有长，莫不有短，人亦然"，因此海外经营应学会包容，容人之短，用人之长，避免狭隘和自我导致的各种管理问题。

法律风险，其本质是一种规则的风险，而规则的风险，是海外经营面临的主要风险之一。走出去后能不能适应新的规则，能否按照新的规则体系行事，并创造出与之相适应的商业模式和管理模式，这对于海外经营能否成功至关重要，海外法律风险管理其重要意义恰在于此。管理之道，永无止境。只要国际化的目标不变，道虽远，行必达。法律护航，行稳致远。⑤

参考资料:

[1] 星云大师，刘长乐.包容的智慧.南京：江苏文艺出版社，2010.

[2] 刘舒年.国际工程融资与外汇.北京：中国建筑工业出版社，2005.

[3] 鲁桐.中国企业海外市场进入模式研究.经济管理出版社，2007.

[4] 张守健，台双良.国际工程招标与投标.北京：科学出版社，2011.

[5] 张水波，陈永强.国际工程总承包EPC交钥匙合同与管理.北京：中国电力出版社,2009.

[6] 梁鑑，陈勇强.国际工程施工索赔.北京：中国建筑工业出版社，2011.

[7] 刘晓红.国际商事仲裁专题研究.北京：法律出版社，2009.

[8] 关于加强中央企业国际化经营中法律风险防范的指导意见.国资发法规（2013）237号.

[9] http://finance.sina.com.cn/chanjing/sdbd/20110725/121810202007.shtml，2014年6月12日访问.

---

① 参阅《包容的智慧》，星云大师、刘长乐著，2010年，江苏文艺出版社。

国际投资并购法律监管综览

冯素英，译

（中国农垦经济发展中心，北京　100122）

按照法律的基本目标及其来源，国际投资并购监管的有关法律可以分为三大类：（1）反垄断法。该法以维持市场竞争为目标，有时亦考虑国民经济原则，同时适用于国内企业和国外企业，但由于反垄断法亦认可保障国民经济原则，承认与产业政策法可进行必要的协调，在某种场合下实际上是可以"内外有别"（典型案例是直到20世纪80年代，日本一直以"国民经济原则"拒绝美国关于富士胶卷垄断日本市场的指责）；（2）规制和产业政策及相关法，又可细分为三小类：①对特定产业（如国防军工、资源、能源、文化、基础设施、特殊的传统产业金融）限制外国投资的法律规定（属产业规制法范畴）；②基于进出口管制等有关国际交易的法律派生的投资限制法规；③产业政策法、科技政策法有关的规定、计划派生的限制；（3）以保障安全为目的，仅针对外国投资及并购管制的专门法律，如美国的外国投资与国家安全法（Foreign Investment and National Security Act of 2007，简称 FINSA 法），该法监管产业领域很宽。

一、产业政策对外商投资和外资并购的限制

各国家根据自身国情，对特定的产业实施外商投资及外资并购限制。三类法律的法规主要是：（1）对特定产业的限制主要包括投资者身份、股份份额或对指定企业限制等，对象以政府规制产业为主，公共秩序和利益、价值观等是规制的主要理由。（2）基于进出口管制等有关国际交易的法律派生的投资限制法规，如限制某类武器和技术出口、限制麻醉品进口，可以此为由限制某些购并，以防止外国企业或外国人获得与限制出口武器有关的研发、制造能力。（3）产业政策法则。这类法律属有政策目的的诱导性法律，但根据有关政策法可能组织只有本国企业才能参加的项目，当并购可能涉及参加项目企业控制权变化时，有关并购将可能被禁止或要求调整。表1为各国为国际投资并购制定的相关产业政策。

二、国家安全

（一）国家安全审查制度概况

概括地讲，外资并购国家安全审查是指一国对可能危及国家安全的外资并购进行审查，并采取限制性的措施来消除国家安全威胁的法律制度。这方面的管理实际上是两类政策管理的交集：一是外资管理政策，它同时有鼓励和适当控制的目标；二是安全管理政策，它的主要目标是保障国家安全和经济安全。协调目标不同的政策靠战略，有关管理包括战略协调及相应的管理，亦包括主要涉及具体法规、运作的事务管理。

外资并购国家安全审查制度发端于欧美

相关产业政策　　　　　　　　　　　　　　　　　　　　　　　　　表 1

美国	对通讯、航空、沿海和内河航运、水电、土地、不动产方面有严格限制
德国	对商业与贸易、电信业、保险业、银行业等设置了严格的市场准入
法国	主要是对金融和保险市场的门槛保护和市场监督。还专门设立了国际投资署来指导管理外商投资和并购事务
加拿大	重点保护的行业有广播服务业、基础电信服务业、保险业、音像行业。对铀矿业、报业、航空业、渔业等有严格限制
俄罗斯	限制外资进入油气等战略性资源领域，国家专营的行业才禁止外商和私人经营，如赌博业
日本	对于与国家安全相关行业的投资，如军工、能源、文化等行业基本采取禁止态度
澳大利亚	房地产、金融、保险、航空、媒体业、矿业为敏感型投资领域
韩国	特定产业领域部分或完全地禁止外国人涉入——这些特定的领域规定在《韩国标准产业划分体系》中。向受到限制的特定领域投资需要获得政府审批
印度	对电信、石油、电力、运输、卫生、金融、保险等行业的并购不但由反垄断部门进行审查，还要由该行业的主管部门参与审查

等发达国家。发达国家通常处于资本输出国的地位，他们成熟的市场体制和强大的经济实力虽然使得外资并购的负面影响在一定程度上被抵消。但是，当他们面对涉及战略性、敏感性行业的外资并购时，依然是立即采取切实有效的法律手段如国家安全审查制度，谨慎对待。

主要发达国家已有共识，允许国家基于安全原因管制对内对外投资。拥有最高行政权的国家元首或最高行政长官（总统、总理大臣等）通常是监管外国投资、并购对国家安全影响问题并进行有关决策的最高负责人，有专门机构负责具体的管理实施。这是因为国家安全决策本质上是涉及的政治决策，国家元首通常是国家安全战略、对外政策的制定者和实施者，有关法律以行政法为主，最高行政首长能进行较有效率地机动决策。专门机构多为委员会制并设在某主要机构内，以利共享知识和信息，平衡决策，同时又较有效率。

2007 年美国外国投资与国家安全法的通过引起了广泛的关注，并在世界范围内引起了投资保护主义立法倾向。作为最为开放的国家美国，针对外国并购不断强化安全审查立法，必

然引起其他国家的关注。美国学者也认为，德国、俄罗斯等国加强外资并购安全审查立法，在很大程度上是受到美国的影响。美国总审计署（GAO）在 2008 年 1 月推出了一份报告，作为对 1996 年报告的更新，该报告详细研究了 10 个代表性国家在外国直接投资方面进行国家安全审查的相关法律与政策。从该报告中可以看出，确实很多国家在美国的影响下开始了国家安全审查的立法工作。总体上表现出政府对于国际投资并购的高度关注，在一些具体的案件中，也表现出来政治性的干预。

（二）各国安全审查特点

1. 对国家安全及国家利益的定义不尽相同

相同之处是狭义的国家安全问题都是管理重点，而以经济利益为要点的管理则因国家而异。加拿大、澳大利亚的法规及其实施明确对外国投资的管理和审查要有能否带来经济利益的考量，而美国的安全管理则未表现出明显经济利益诉求。这种差别可能与国情、与国家经济及安全战略有关。美国的基本战略是主张通过经济发展及自由化提升经济实力和军事能力，重点关注安全及能否保证技术的领先优势及重要设施和资源的安全。日本和美国类似，但似

乎更全面地看重资源安全。澳大利亚、加拿大经济技术实力弱于美国及日本，重视外国投资的积极作用，但十分注意投资对直接经济利益的影响。

2. 重视通过个案审查和调整

各国调整投资者的方案的合同，以达到既吸引外资，又有利于本国的条件。美国 1998 至 2007 年，向主管安全的 CIFUS 申报并购申请 1800 多项，23 项进入调查，被拒绝的仅 1 个，但很多方案是因为有所调整从而未被调查获通过的。澳大利亚 2002~2007 年申请的近 3 万项，99% 被批准，其中 70% 以上是经方案和合同调整后才被批准的。

发达国家的外资并购安全审查立法模式主要有两种，一种以英国和德国为代表，国家并没有针对外资并购国家安全审查专门立法，有关规定分布在国家安全法、外资法、反垄断法等相关法律法规中；第二种模式以美国、澳大利亚和加拿大为代表，由权力机关为外资并购国家安全审查专门立法，制定一整套详细的审查程序，设立专门的审查机关负责审查。专门立法的模式突出了国家安全审查的针对性，将国家安全审查与外资准入审查和反垄断审查严格区别，审查程序可操作性强。

不过无论是哪种模式，发达国家的经济安全审查制度都较为完善和健全，其中以美国为典型。美国的审查机构设置及工作程序的规定最为详细，也最具操作性。相比而言，加拿大、日本、德国、法国等过的审查程序较为简单，但它们都有以下共同特点：

1. 审查机构设置全面

各国的审查机构基本都是由各个政府部门或权威人士组成，从不同的角度关注外资并购对国家经济安全产生的影响，从而确保了审查的全面性和完整性。如美国的美国外资投资委员会（CFIUS），由财政部长、国防部长、商务部长、国务卿、美国贸易代表、经济顾问委员会主席、司法部长、管理暨预算局局长、国土安全部部长、科技政策办公室主任、总统国家安全事务助理和总统经济政策助理 12 个美国权力机构组成。而在日本，外汇审议会隶属于大藏省，由 15 名以内的委员组成。委员由大藏大臣从有学识经验者中任命，任期 2 年，可以连任。从审查的时间来看，给出确定的工作期间，如美国的审查程序最长不超过 90 天，日本为 5 个月，对审查机构的这种规制是必要的，在一定程度上能确保审查运行机制的高效性。

2. 审查机构间分工明确、相互制约

为了保证了审查的谨慎和快捷，各国家均赋予两个以上机构以审查职权，通过机构间协调合作来共同完成审查任务。例如美国，CFIUS 是整个审查程序的主角，其在调查阶段可以决定并购活动不会损害国家经济安全从而终止审查程序。但是一旦其认为存在损害国家经济安全的因素，则最后的决定权留给了总统。又如加拿大，部长在审查阶段可以做出并购活动不会损害国家经济安全的决定，但是如果部长确信投资会损害国家经济安全，或者根据提供的信息无法确定投资是否会损害国家经济安全，则总督掌握了最后的"决定权"。由此可见，在审查程序中，美国和加拿大对做出"会损害国家经济安全"这样的肯定性结论时，需要两个机构配合行使，这充分体现了审查的谨慎性。另一方面，在审查机构做出否定性结论时，只需要一个机构决定即可，这是出于保护迅捷的商业交易的需要，体现了审查程序快捷的一面。

3. 设有投资者的互动和救济机制

如美国 CFIUS 在国际投资并购交易的当事方正式申报前可以向其咨询交易通过审查的可能性，而许多原本计划并购交易的当事方在经过这种咨询后就主动放弃了交易。CFIUS 通过这种非正式的渠道与国际投资并购交易的当事方进行谈判，促使他们改变交易

的形式或结构等以通过审查。而且在调查阶段，CFIUS 也会和当事方进行类似谈判，比如 CFIUS 会附条件地准许并购进行，CFIUS 所附之条件多为对外国投资者一些限制，一般表现为 CFIUS 成员与投资者协议间缔结的减损协议。通过这种互动机制，CFIUS 不仅可以减少工作量，为当事人节省成本，也可以在履行其防止损害美国利益职能的同时尽可能利用国际投资并购所带来的好处。而且，当事人可以在总统作出决定之前的任何时刻以书面形式申请撤回其申请。

（三）各国安全审查制度

各国针对国际投资并购的国家安全审查制度可参见表 2。

事实上，无论是从国内市场体制的发展程度，还是从相关产业的发展水平对比来看，发展中国家都应当更加重视外资并购国家安全审查制度的设置，从而合理的处理外资并购与本国国家安全的关系。另外，在这一问题上，发展中国家需要考量的因素会更多。例如，发展中国家既要保持对外资的开放，又要保证本国民族经济追赶的脚步不能落后于人。发展中国家对于国家安全审查方面的立法仍有待完善。

三、反垄断审查

（一）反垄断审查概述

各国国家安全审查制度 表 2

	法律基础	审查主体	特点
美国	《埃克森 - 弗洛里奥修正案》，《外国投资与国家安全法》（FINSA）	外国投资委员会（CIFUS）	对特殊行业设置不同程度的限制措施
德国	无专门立法，主要依据《对外贸易和支付法》和《对外经济和支付法细则》	德国联邦经济与技术部	对军事和国防工业实行严格监控
法国	《外国投资法》和其他法律	法国公平交易、消费者事务和欺诈控制局以及竞争委员会	在博彩业等 11 个领域，并购需预先报批，如涉及敏感部门，需先获得经财部的批准。
加拿大	《外国投资审查法》，《加拿大投资法》，《C-59 议案》	总督、部长以及投资主管	以"净利益"标准来决定是否批准一项外资并购
俄罗斯	《国家安全审查程序法》	全权主管机构（工业贸易部、联邦反垄断署等）和外资审查政府委员会	审批标准的重点是对外资控制俄罗斯战略性公司的认定
日本	无专门立法，主要参考《外资与外汇管理法》	外资审议会，权力赋予大藏大臣及事业主管大臣	没有系统的规定，主要散见于各类单行法
澳大利亚	《1975 年外国收购与接管法》，《1989 年外国收购与接管条例》	外国投资审查委员会（FIRB）	是否违反国家利益，由《外资并购法》授权财长基于个案决定，决定人拥有一票否决权
韩国	《外国人投资促进法》	外汇银行总行、分行和大韩贸易振兴公社的总部以及地方事务所和海外事务所	《外国人投资促进法》限制"影响国家安全和维持公共秩序的情况"的投资。主要指的是国防产业投资
印度	无专门立法，参照《公司法》，《工业发展与管理法》等	外国投资促进署	涉及国家安全的投资需获得政府许可，并加强了对中国、巴基斯坦、孟加拉国和斯里兰卡等特定国直接投资的控制

国际投资并购有力的增强了企业的国际竞争力，降低了海外投资风险，在优化世界范围内的资源配置方面也发挥了巨大的作用。但随着市场经济的不断发展，并购行为不可避免地会导致国际性生产和销售的集中与垄断，而成为妨碍有效竞争的一大威胁。因此，国际投资并购与反垄断日益成为时代的话题，而如何正确、有效地规制国际投资并购也被提上各国经济发展的日程。目前，国际投资并购的这一双刃剑性质已为各学界一致认同，各国也都认识到正确规制国际投资并购行为与本国经济的健康发展有着紧密的联系，纷纷开始积极制定和完善相关法律政策。因此，对发展较为成熟的制度体系进行研究，成为当前各国制定反垄断法过程中不可偏废的重要课题。

（二）欧美等发达国家的反垄断审查制度

欧美是世界上最早对企业并购实施反垄断法律规制的典型代表。早在1890年美国就出台了著名的《谢尔曼法》，标志着美国正式进入了运用法律手段规制垄断行为的时代。虽然欧盟对企业并购进行反垄断规制的起步晚于美国，但在经历了三次修正之后，其完善程度已堪与美国相媲美，能够有效地控制国际投资并购的反竞争效果。

欧盟是一个超国家集团，其结成的初衷在经济方面是以区域经济整体实力的增强来提高其在国际上的竞争力。相较美国而言，欧盟在对国际投资并购的法律规制方面带有更为浓厚的地方保护主义色彩。欧盟结合其为经济一体化服务的立法价值取向，坚持"严重妨碍有效竞争"的标准，除了斟酌市场份额外，还综合考虑协同效果、单边效果、市场准入及效率抗辩等因素，因此并购控制不但不会对提高产业集中度造成妨碍，反而有利于维护市场有效竞争秩序。在程序方面，欧盟也结合自身的特点，采用了行政主导模式，有效地提高了审查效率，节约了司法资源。这些经验对于其他国家来说都具有很高的借鉴价值和意义。

从欧美各国和日本反垄断执法机关的研究可以看出，他们的反垄断执法机构都具有权力层级高、专业化水准高、独立性强和分工明确的特征。反垄断执法因为关系到国家产业政策和社会整体经济效益，却又牵涉到方方面面的利益，反垄断执法活动容易受到来自个人、财团或政治力量的干扰。以上三国的反垄断执法机关虽然是行政机关，但都具有准司法性质，或是与国会、政府首脑挂钩或是部级单位，但调查审判活动却不受哪怕本部门领导人干扰，官员在人事上不被任意免职，性质如同反垄断法院或反垄断警察；部门的职员均是由经济学家、法学家和其他方面专家组成，谙熟国家法律和经济；分立式机关如美国则建立了协调机制，尽量形成默契，协调配合。

从欧美等国关于国际投资并购反垄断审查立法中可以得出以下经验：

（1）多数国家审查标准以并购企业的资产总额、营业额为标准，如美国；欧盟、德国仅以营业额为标准；日本对国内公司间的企业并购仅以资产总额为标准，跨国的并购以在日本国内营业额为标准。另外，法国等地以参与并购企业的市场份额和营业额为标准。

（2）以上各国事实上使用的是"实质减少竞争"的申报审查标准都，而且注意将标准实体化、数量化，便于反垄断执法机关参照执行，增强了执法调查的效率和准确性。

（3）从美国反垄断法中国家安全审查部分可以看出，美国十分重视将国际投资并购同国家的经济安全联系在一起，有一套长期运用发展起来的法律制度，不仅有严格、细密的审查程序，还有层级很高的执行机关。

（三）各国反垄断审查制度对比

各国针对国际投资并购的反垄断审查制度可参见表3。

各国反垄断审查制度

表3

	法律基础	监管机构	特点
美国	《谢尔曼法》,《克莱顿法》,《联邦贸易委员会法》	联邦贸易委员会和司法部反托拉斯局	美国通过界定相关市场,分析市场份额,进行并购审查,并指定相关的申报登记制度
欧盟	《罗马条约》,第4064/89号条例,《理事会关于企业之间集中控制条例》	以欧盟委员会为核心的行政主导型审查特点	以"严重阻碍有效竞争"为审查标准,并确立了严格的审查程序
德国	《反限制竞争法》,《联邦德国股份公司法》第339-358条	卡特尔局	采行为主义控制模式,对并购范围、市场份额、市场集中有规定,并设立了严格的申报登记制度
法国	《公平交易法》,《价格和竞争自由法令》	竞争、消费者事务和反欺诈局;竞争委员会	国家调查局专门负责调查全国性的不正当竞争的重大案件
加拿大	《加拿大竞争法》	竞争管理局	实质审查标准是有效竞争的程度,兼并或拟议中的兼并对任何市场进入的限制的影响等
俄罗斯	《关于在商品市场中竞争和限制垄断活动的法律》为核心	联邦反垄断当局	采取行为主义规制垄断,其核心在于"有碍正常竞争"和"给消费者带来损失"
日本	《日本禁止垄断法》	公正交易委员会	根据《禁止垄断法》设立了独立的合议制机关——公正交易委员会
澳大利亚	《商业行为法》,《竞争与消费者法案》等	竞争与消费者委员会,国家竞争理事会	实质审查标准是企业并购不得产生减少或可能减少市场竞争的效果
韩国	《垄断管制和公平交易法》	国务院下属的独立机构:公平交易委员会	当并购交易的主体在全球市场总资产或总销售额不少于一千亿韩元时,该等公司需要提交报告
印度	《1969年垄断和限制贸易行为法》,《2002年竞争法》	印度竞争委员会,竞争上诉法庭和行业监管机构	对于达到一定限额的并购交易,需要由竞争委员会进行审查。委员会可以以妨碍竞争为由,直接认定并购无效

一般情况下,投资交易是否需要预先申报依据两个门槛界限:其一是交易各方加上其所属分公司的总资产,或者销售收入额,包括在加拿大国内的销售、从加拿大出售到国外或从国外卖入加拿大的销售,其总额规模超出4亿元时要预先申报。其二是交易本身达到最低限额。这对于收购资产或组建"非公司性商业联合体"来说,被收购的加拿大企业资产或者加拿大企业入资的总额,或者因这些资产而获得的年销售毛收入,包括加拿大国内销售或从加国出售到国外的收入,如果总额超出5000万元(对于已经完成的公司性质合并企业为7000万元);对收购股份的交易,要求预先申报的限额为加拿大资产价值,或者来自股份被收购的公司及该公司控制的所有其他公司的毛收入,超出5000万元(已经注册了的合并企业为7000万元)。还有,被收购的有投票权股份份额要达到最低百分比限额才适用事先申报。对上市公司来说,这个门槛为20%(如果原先已经持有其20%有投票权股份,则为50%);对于没有公开上市的公司,其门槛为35%(如原先已经持有其35%有投票权股份,则为50%)。⑤

让旗帜在"天涯海角"高高飘扬

——北京建工集团海南分公司市场拓展纪实

张炳栋

（北京建工集团，北京 100055）

"请到天涯海角来，这里四季春常在，百种水果百样甜，随你甜到千里外……来呀来呀来"，20 世纪 80 年代著名歌手沈小岑所演唱的一首家喻户晓的歌曲道出了海南人当时的心情：刚刚由广东的一个行政区建制为省的海南急切盼望融入国家改革开放的大潮。同时，海南以其独特的环境资源优势、土地资源优势，吸引了众多国内外投资商把目标锁定于此。

2007 年 6 月，新成立的北京建工集团海南分公司以"狠抓管理谋高端，立足当前谋长远，实现建工百年大计"为目标，扛起了进军海南的大旗，成为集团首家开拓海南建筑市场的区域分公司。七年来，分公司在椰岛为集团掘出了"第一桶金"；七年来，分公司经营拓展规模不断扩大，完成了北至海口，南及三亚，东

北京建工承建的海南福海苑安置房工程

到万宁、陵水，西达洋浦等五个区域的市场布局，并将经营触角延伸至福建厦门和云南昆明；七年来，共承接保障性住房、商品房、酒店、公寓以及军队用房计 27 项，完成建筑施工总面积达 183 万平方米，累计实现经营额 51.53 亿元，累计上缴管理费 1513 万元；七年来，分公司在响应集团"走出去"号召的进程中取得了骄人业绩，为集团在区域市场"开疆拓土"立下了汗马功劳，也为集团赢得了众多荣誉，使得"北京建工"大旗在海南上空高高飘扬！

一、靠创新精神从"烂尾楼"中掘取"第一桶金"——打开市场

"有一项'烂尾楼'总包管理工程你们接不接？"分公司经理冯晓杰和他的团队依然记得刚刚进入海南市场时的头一单。"接，并保证做好！"冯晓杰斩钉截铁地向业主保证。当时人生地疏，四处碰壁，打开经营的局面谈何容易，加之 2007 年海口的房价跌至谷底，投资热降低导致活源少之又少，分公司接手了第一个、也是一项棘手的总包管理工程———海口明光国际项目。工程高度为 188 米、面积为 9.8 万平方米的五星级酒店，这是当时当地最高地标建筑。尽管任务接下来了，但当初的合同额只有 150 万，怎样做到既盈利，又能打开海南

市场呢。

这里面有一个奥秘——帮助业主完善深化设计图，这是海南分公司团队与其他建筑同行不同的地方。毕业于清华大学电力工程专业的研究生冯晓杰曾经有过3年国外建筑施工的工作经验，在那里，冯晓杰学到了从工程深化设计入手到工程施工、精细化管理理念。

分公司团队悉心研究了明光国际工程所有图纸，通过将工程图纸与实物比对，帮助业主完善了深化设计图，不仅提高了工程的使用功能，又使其创造的经济效益和社会效益让各方都能满意。通过深化设计，细化管理，糅合各种有效资源，精心组织施工，合理调配装修布局，一个本无利润可赚的项目，不但获得了少量的利润，还赢得了业主近2000万元的追加任务额。

此举，让分公司在海口的首个项目一炮打响，不仅为"北京建工"赢得了善于创新的好口碑，还在竞争激烈的海南市场打开了一道门。

二、靠韧劲实现"给一个支点就可撬动地球"的承诺——站稳市场

"给我一个支点，我就能撬动地球！"二千多年前，古希腊有一位叫阿基米德的人非常勤奋好学，哪怕有一个难点也会孜孜不倦地研究、探索，直至成功，以他名字命名的杠杆定律至今造福人类。当海南分公司掘出"第一桶金"后，如何进一步打开局面、站稳市场，成为分公司团队不断思索的课题。大家知晓，接下来面临的将是更激烈的市场拼杀，只要有一线希望、一条经营信息，就不能放过，就得积极争取。

竞争最惨烈的当属2008年的神州半岛喜来登酒店项目。当时分公司跟踪到这一项目时，正处于招标阶段。同时竞标的是实力雄厚的六家大国企，而招标的业主觉得刚进入海南市场的北京建工在海南并没有过硬的竞标团队和足

够的经验，当时分公司投标团队只带了一台电脑，连备用的电脑都没有再带一台。谁也没想到，一家在海南地区默默无闻的北京建工区域分公司正雄心勃勃地志在必得，因为分公司领导看好了拿下此项目后所带来的市场机遇。

分公司班子意识到，必须全面了解业主信息，然而没有想到的是，连现场勘察都很难进行。由于当地已经完成拆迁，去现场的路已经很难走，加上不认识路，他们是经过了无数次走错路的经历后，终于在晚上10点多到达现场，连夜进行了投标测算。回来后，又找了一家咨询公司，加上临时购置的三台电脑，大家连续工作了四天，做出的标书顺利通过了4轮投标。然而到最后一轮，招标方又临时将一个标分成两个标，并要求第二天下班时交给业主，这样，所有预算都要重新再来，目的就是把我们挤出去，因为我们的团队是临时凑的。此时，由于水土不服，不适应海岛气候，有几名同志已经开始发烧。然而，他们依然没有放弃。

"应该说，我们中这个标也有幸运的成分。"参与投标的同志讲到："当时，周五答完标，周六接到通知，说你们回北京等消息吧。但我们没有回去，而是去了大排档吃顿便餐。这时突然接到招标方电话，说最后只剩下我们和另一家竞标了，但我们的标高出350万元，问我们还能不能调整一下方案。现在想来，如果当时我们在回北京的飞机上电话打不通，那我们就不可能拿到这个海南市场决定性的大单了。"

2008年5月，分公司终于拿下了在海南市场的决定性大单——海南万宁神州半岛喜来登酒店项目总包工程。工程位于海南省万宁市神州半岛，工程建筑面积约5.5万平方米，合同额3.338亿元，是神州半岛最豪华的五星级酒店。工程到手后，分公司团队上下齐心协力，充分发扬"特别能吃苦，特别能战斗，特别能奉献"的北京建工铁军精神，克服重重艰难险

阻，真正做到"来之能战，战之能胜"，按时保质保量完成了施工任务，工程如期交付使用。同期还承接了另一个五星酒店——三亚财富海湾酒店，该酒店建筑面积8.79万平方米，合同额1.6亿元，赢得了业主和当地政府的高度赞誉。至此，海南分公司已在海南建筑市场牢牢站稳脚跟。

三、维系"大客户"，坚持"高端经营、二次经营"理念——拓展市场

随着在海南的品牌影响力越来越大，在做强做大的进程中，分公司开始了转型之路。

前几年曾因承揽低价垫资工程而经历过"三角债"危机的分公司痛下决心，要在做高端的建工施工总承包工程上下功夫，不但要保证工程质量的高端，更要保证在扩大市场的同时选择优质的甲方，对于资金链可能会出现问题的活儿、甲方合同条款不对等的项目均选择放弃。

坚持维系区域"大客户"机制，成功蜕变为高端建筑施工区域分公司。细数分公司承揽的每个工程，无一不是与实力伙伴的强强联手。历时两年施工期的三亚市同心家园四期保障房项目，是作为三亚市第一号民生工程，旨在解决三亚市低收入家庭的住房问题，改善和提高中低收入家庭的居住条件，长期以来一直受到社会各界的关注。该项目是与三亚城投置业有限公司合作，公司隶属三亚城市投资建设有限公司，是市属企业的全资子公司。2013年顺利交房后，业主方对房屋质量大加赞许，对北京建工给予了高度的评价，一再表示，同心家园四期的圆满收尾，为三亚保障房项目的顺利实施做出了坚实贡献，展示了北京建工一流的施工水平和良好的社会形象。

此外，中国宇航员疗养中心——陵水7512项目，合作方为中国人民解放军总装备部，2012年3月，一期工程建设期间，中共中央委员、中国人民解放军总装备部政委迟万春上将，总参谋长尚宏少将莅临工地视察，肯定了工程质量，评价"北京建工集团为我们的宇航员办了件大好事"。同年9月，解放军总装备部副部长牛红光中将等部队首长到7512工地视察指导工作时，高兴地说："北京建工大国企就是不一样，质量过得硬啊"。良好的合作令分公司顺利接到了7512项目的二期工程，成功展现了分公司的二次经营能力。

在神州半岛高尔夫项目会所道路、万宁市神州半岛市政一期污水处理厂、神州半岛市政一期35kV变电站及10kV开闭所、神州半岛综合服务区员工宿舍、神州半岛第一湾喜来登酒店、C-12君临海住宅项目、C-16地块东区（2号、4号、6号）分包工程施工时，北京建工海南分公司与万宁市结下了不解之缘。在万宁神州半岛开发建设中，分公司承建了多个不同类型的项目，以高标准严要求来施工，从最初的不毛之地，到现在岛上颇具规模的旅游居住胜地，神州半岛的可喜变化，离不开海南分公司全体人员的辛勤汗水。

万宁市神州半岛喜来登酒店是海南分公司与其在海南的长期合作伙伴——"中信泰富"的合作项目，属于建工总承包部定义的"区域重点工程"。中信泰富有限公司是在香港交易所上市的综合型控股公司，业务重点以基建为主，在2009年凭借优秀的市场业绩和良好的品牌形象，荣获"中国最受尊敬上市公司大奖"，是不可多得的战略发展伙伴。

2013年承揽的黎安海风小镇B标段项目，是海南国际旅游岛先行试验区安置房重点工程，建成后将同时作为当地农民的回迁房和新开发的旅游观光风情小镇取得社会和经济的双重效益。工程甲方是海南省国际旅游岛开发建设有限公司，该公司是省政府直属大型国有企业，是国家规划开发时期长达20年的海南国际旅游岛的开发主体，承揽着基础设施建设、土地开发、

文化娱乐产业投资孵化以及省委、省政府赋予的重大政策实施等任务。工程在施期间，分公司多次组织与业主的足球、篮球友谊赛，活动的开展增进双方的友谊，为此工程建设的顺利开展创造了有利的环境。

四、发扬建工集团"铁军"精神，打造国企品牌——巩固市场

自 2008 年 5 月承接神州半岛喜来登酒店项目至今，冯晓杰带领的海南分公司团队，克服一切常人难以想象的困难；特别是神州半岛喜来登项目，北京派来的施工管理团队初来乍到海南岛，本地气候的湿热和高温，让很多内地人一时无法适应当地气候，很多人还生了病；神州半岛地处偏远、交通不便、淡水资源匮乏等不利因素，加上神州半岛三面环海，台风登陆时受灾比较严重，面对前所未有的困难，如何能防灾减灾显得尤为重要，为了保质保量保工期地完成神州半岛喜来登酒店项目，喜来登项目团队克服了极端艰苦的条件，发扬建工集团"铁军"精神，向业主交上了满意的答卷。

海南分公司依托国企优势，以自己的诚信在海南业界内树立了良好的口碑，在后续的工程中，神州半岛第一湾东侧 C-12 地块项目，半年时间完成了结构封顶，赢得了业主的信任；同心家园保障房项目五栋楼顺利交房，成功兑现了对业主的承诺；2013 年国庆期间，海南进入雨季，高温天气持续不退，"炎热、降雨、潮湿"成为黎安海风小镇工程面临的三大难题：晴天时施工干活的工人白天要忍受烈日暴晒，夜间要忍受蚊虫叮咬；下雨时只能抢楼栋内的工作；现场车辆常因雨后施工道路泥泞进出受阻。习惯海南特殊施工环境的"建工人"，并没有被眼前的困难吓倒，分公司领导对劳务分包工人做了突击动员、指挥安排增加现场车辆，项目职工主动提出"十一"不休假，后勤保障

每天熬煮消暑绿豆汤，配备现场急救箱，从上到下、团结一致，出色地完成了节点目标。安置工作作为海南省国际旅游岛先行试验区大规模建设的基础，工程能否顺利完成与当地百姓利益休戚相关，因此，从一开始试验区就将小镇的建设列为基础建设的中心工作之一。建好的黎安海风小镇，是海南省国际旅游岛重点建设工程项目之一，不仅为当地村民提供了安居之所，也为北京建工发展巩固长期合作战略伙伴奠定了基础。海南分公司已与中信泰富、三亚城投公司和海南省旅控集团成为长期合作伙伴。

五、"整合资源配置"和"强化内部管理"——区域健康发展的基石

回想进驻海南之初，虽然有充分的思想准备，但令分公司团队依然措手不及的是，神州半岛喜来登酒店项目这个海南市场决定性的大项目是如此的"时运不济"——2008 年 5 月 12 日，汶川地震举国哀痛，全国所有临时板房全部支援灾区依然告急，任何板房生产厂家都不可能为施工工地供货，但当时业主提出要求：最后竞标的两家施工企业，谁的施工现场办公板房能够于 6 月 1 日搭起来就签约，不然，就无法中标。

合格的管理团队不仅要有较高专业素养和技术水平，资源整合配置能力更加重要，这也是考验分公司团队管理智慧的关键时刻。当时，分公司第一个与业主立了军令状。不到一周，北京建工的现场指挥房在工地上全部建起，而竞争对手整整晚了半个月。原来，当时分公司在海南的另一个项目现场有两栋办公板房，分公司领导当机立断安排拆了一栋调过来，另外的是从广东深圳公司调过来，解决了燃眉之急，合同随之签订。

小企业成长靠经营，大企业成长靠管理，分公司发展到一定规模，就不得不完成从创

业到守业、从经营到管理的转换。但是，如果分公司不能及时将创业期间即兴、随机、无序的内部管理转化为机制化管理，分公司必然会遭遇成长的上限。从进驻海南伊始，早就坚定决心要在海南站稳脚跟、做强做大的分公司团队，在积极拓展经营版图的同时，就开始了对分公司全面建设管理的规划，从构成分公司核心力量的领导班子建设，到细化区分劳务、技术、质量、安全、物资各个口与总部的对接看齐，海南分公司开始了慢工出细活的管理建设之路。

在人才管理上，分公司领导在培养引进人才、留住人才、用好人才方面付出大量的心血。从以"导师带徒"的方式培养自己的技术团队、经营团队，到聘请经验丰富的老同志负责安全、物资管理等方面的工作。同时，分公司以集团和总承包部的管理理念为指导，根据海南地区实际市场情况与分公司发展情况，自主探索管理模式，如今的海南分公司，整个团队间的运作有条不紊。现有分公司领导班子成员陈耿、毛顺平、李世昌都属于总部外派，在海南经过项目的锤炼，进入分公司领导班子，成为核心骨干。孙文福等则是分公司从项目部工程部长培养至独当一面的项目经理的优秀代表。

在强化质量管理方面，分公司质量技术团队经过几年的培养锻炼固定了班底，保证了工程质量，同时为集团赢得了多项荣誉，财富海湾工程获评 2009 年度海南省建筑施工优质结构工程，万宁神州半岛第一湾 C-12 项目连续获得 2011 年度海南省建筑施工优质结构工程、2013 年度海南省建设工程"绿岛杯"等大奖。

在劳务管理上，分公司逐步规范分包管理工作，严格执行细化劳务合同，规定做到签订合同再进场。严格执行总部《劳务管理办法》，从劳务队伍的选择、合同方供方的评选、资料的完善、付款结算手续的齐全等方面逐步规范管理，为企业规避风险，创造效益。黎安海风小镇 B 标段项目采取了包清工、纯劳务发包的模式，杜绝了劳务扩大分包的风险。

2013 年的黎安海风小镇 B 标段项目，是海南分公司在不断探索管理模式道路上值得记录的一笔，也是分公司项目管理提升迈出的一大步。总承包部经理原波多次带队前往工地现场办公，主持召开项目指挥部全体人员大会，推行扁平化管理模式，一方面要求分公司作为总承包部的系统延伸，分公司管理部门与总部各系统对口，对分公司辖区范围内的项目进行管理，分公司机构扁平化设置，实现"五统一"、"四集中"管理。另一方面，在劳务分包、专业分包单位的选择，材料供应商、大型机械设备租赁方的选择方面，要求严格执行招投标制度。通过总部指导组一对一帮扶工作，海南分公司项目管理工作及时地进入正常轨道。

忆往昔，历经磨砺、战绩赫赫。从最初几个人的单打独斗到如今近二百人的管理团队，从打入海南到站稳市场，再到成为业内具有良好口碑的企业，分公司实现了质的飞跃。展未来，胸怀大志、信心满满。分公司将借区域授权东风，加快转变发展方式，实现由"生产型"向"经营管理型"的蜕变，做精做深区域市场，实现"有市场、有效益、有人才、有品牌、有资产"的要求，为不断提高"北京建工"的市场占有率和品牌美誉度再立新功！让北京建工旗帜在"天涯海角"永远飘扬！

南京国民政府时期建造活动管理初窥（五）

卢有杰

（清华大学建设管理系，北京 100089）

2、公开招标

招标一般都刊登广告，下面是两个例子。

照得莫愁湖粤军烈士墓亟待从速修建，如有愿意承包此项工程者，务须于八月一日起至八月十日上午以前为止，至本局建筑科接洽，并携带图样费大洋五元，以便领取图样说明书，按照图样将各项工料费详细分别标内，用火漆坚封，投交本局，至八月十日下午五时在本局会议厅当众开标。特此通告，俾众周知。此告。

中华民国十七年七月卅一日。

局长陈扬杰[211]

招标布告式样

布告第____号

为布告事，本厅兹招标承办_____工程。如有志愿投标者，仰查照下列各节办理：

（一）限于___月___日以前来厅领阅工程说明书、工程图样、定式标单及投标简章、包工规则等件并随缴印刷费___元。

（二）限于___日___点钟以前来厅听候派员导往施工地点实地说明。

（三）限于___日___点钟以前来厅投标，并随缴押标金___元。

（四）即于___日___点钟在本厅当众开标，过时不候，切勿自误。特此布告。

中华民国___年___月___日[212]

招标一般都有限制，例如，投标人需有经验、能力和资金，到后来还要求具有登记证书，但对投标人主要经营地点和工程类型没有限制。

例如陶桂林1922年11月在上海开办"馥记营造厂"，后又先后在南京、广州、汉口、贵阳、重庆等地登记注册，开设分厂。1926和1927年，中标承建广州中山纪念堂和南京中山陵（三期）工程。自1927～1937年，在上海、南京、杭州、青岛、厦门、重庆等地中标承建大型建筑物。他还打破洋商在中国铁路大桥建造中的垄断，承建了浙赣铁路贵溪大桥、潼关黄河大桥（因抗日战争而停工）。[30]

军政部的营缮工程、参谋本部和安徽省建设厅工程等不允许外国人投标。[198][204][199]

大部分投标章程或规则都要求投标人缴纳招标文件的费用，投标时缴纳（投标）保证金、押标金或押款。

（四）各地情况

下面结合若干城市的情况，进一步说明施工招标、投标和评标中的问题。

1、上海

1864年，法国人建领事馆招标，在报上刊登广告：

"现欲造房子一所，在外虹桥南堍。如愿作此工者，可至本局（英租界工部局）管理工务写字房内问明底细，标定工价，写明信上，其信封外左角上注明做某生活，送至本局写字房查收，于八月十八日十二点钟止。所付之价不论大小，任凭本局选择，或全不予做均未可定，如不予做，用去使费，与本局不涉。可予做者，要得真实保人保其做完此工方可。"

法商希米德营造厂和英商怀氏斐欧特营造厂两家投标，结果希米德营造厂以 6 万两银元标价、24 个月工期，承诺每延期一个月赔银533 两而中标。上海建筑工匠原不知有"招标"一事，对此广告懵然无知，无人投标。[30]

1883 年，租界工部局规定，凡超过 5000两银子的工程必须招标，由工部局公告于众，至少要登载于租界内出版的一家英文报纸上，参加投标者只有外商。1891 年江海关二期工程"税务司悬最新之西式招华人构筑"时，只有杨瑞泰营造厂投标。但 10 年后，上海的各个营造厂家就积极地参与到投标竞争之中。1903 年的德华银行、1904 年的爱俪园、1906 年的德国总会和汇中饭店、1916 年的天祥洋行大楼等，分别由上海籍的江裕记、王发记、姚新记和裕昌泰营造厂中标承建。

到 30 年代，投标竞争已扩大到房屋建筑以外的领域，如 1933 年以馥记为首的几家营造厂主动到当时的铁道部交涉，要求参与原先只有洋人参加的浙赣铁路沿线桥梁建筑的投标，结果，馥记取得了贵溪大桥、南昌赣江大桥的承建权。[11]

1933 年法公董局在福履理路（今建国西路）建造贝尔纳·冈鲍营房，成立了以公董局谢维善为首、由公董局代总办福拉兹和总工程师罗齐埃等组成的招标办公室。开标结果由新荣记中标。确定承包人一般为在标底的以上部分取报价最低者，低于标底的报价不予考虑。标书的制作不符合要求也不予考虑。如投标者的报价均高于标底，则推迟工程，如系标底计算有误则调整标底。中标者与工务部门签订合同，填交保证书，缴纳保证金，工程即可进行施工。[13]

2、北平

对于市政府工程的施工招标，1929 年 8 月5 日核准的《北平特别市工务局工程招标暂行规则》全文如下：

第一条 本局兴修各项工程除由工队自办外，其招商包办不满二千元之工程均依本规则规定行之。

招商包办二千元以上之工程，经北平特别市工料查验委员会决议，适用本规则时亦同。

第二条 招商承办工程工料分包或合包，应由本局视工程性质酌定之。

第三条 招商承揽工程于设计绘图估价并拟具工料规范后呈请局长核定即行招标。

图样及工料规范投标人可到本局取阅酌收纸张费。

第四条 投标人应向本局第一科领取标纸照格填写，不用本局标纸及填写不清者概作无效。

第五条 投标人应于投标时缴纳保证金并取具殷实铺保证明投标人确有承办之能力，必要时并得由本局先行审查投标人学识、经验及资力是否合格方准投标。

前项保证金落标者得持原收据如数领回，得标者改充押款。

第六条 投标人应将标函严密封固送到本局第一科，投入标匦，听候开标。开标日由本局将结果当众公布，投标人皆可到场。

第七条 招商承办工程以最廉价为得标之原则，但本局仍有审查选择之权。

工程总价在二千元以上者应由本局检齐标纸并审查意见，呈请市政府交工料查验委员会审查，呈明市长核定。

倘商人得标后如不愿承办，开具充足理由，经本局查核得准，撤标但保证金概不发还。

第八条 得标人应于开标后在规定之期限内，觅具铺保二家到局订立合同，呈送料样备查并照工料总价百分之十缴纳押款。

前项押款俟工程完竣或材料交足后凭原收据如数发还。

第九条 承办人应遵守本局所派管理人员之指导遇事接洽办理。

第十条 工程价款应依合同之规定付给之。

第十一条 承办人于工程完竣后，呈请验收。在未经验收之前，倘有工料损失承办人不得卸责。

第十二条 承办人倘有不能履行合同时，本局得分别情形按照左列各项办理：

甲、承办人一经订立合同，不得中途因故请求撤销。若未经核准自行停办，本局得将押款全部扣发并停付工料款尾；

乙、承办工程除因特别情形经本局核准展期外如不能遵照合同所定期限完工者逾期七天以内扣罚押款四分之一逾期十四天以内扣罚二分之一逾期二十一天以内扣罚押款全部三星期以外除扣罚押款外并得取消合同及扣罚未付之工料尾款或没收存料；

丙、工料查与本局图样规范不符者应即遵照改正或剔除更换倘不遵照办理本局得自行改正更换所超过之费用由承办人担任之；

丁、承办工程人领用材料或因工程上之必须借用公物如有滥用及损坏遗失等情应照价赔偿由押款及工款内照扣倘遇不敷扣抵时责令承办人补缴并应由铺保负责。

第十三条 本规则自呈准公布日施行。[200]

上述投标规则中"铺保"即现在的（投标）担保人或保证人。下文还会看到，当时的招标文件多数没有单独的"投标须知"，而用投标规则或投标章程代替之，似乎过于简单。例如，这些规则未具体说明如何处理投标文件中的错误、遗漏和偏离投标规则之处，也没有说明如何评标。当然，也有的投标规则指出了处理投标文件上述问题的大致办法。例如，1931年5月28日公布的《参谋本部投标规则》第十二条规定："有左列各项情事之一者，其标作废：一、价格数目缮写不明者；二、或一名称而有两项意义解释者；三、关于缴纳投标保证金及其他事项不依本规则办理者。"[204]

六、招标、投标与合同文件

（一）概述

这一时期，各地政府工程或其他公共工程的施工招标文件都由招标单位编制，例如各地工务局、军政部、铁道部下属各铁路局等。这些招标文件，大多数未将协议书格式和合同条件明确分开，更没有将合同条件分成一般和具体合同条件，其中也没有单独的投标书格式；在投标文件中，除了北平市要求签署承揽书以外，大多数不要求在标单（工程量清单）之外递交投标书。再有须注意之点是，绝大多数合同文件中无合同文件解释顺序的条文。

表28和表29就是各种招标文件、投标文件和合同文件的组成及其比较。

（二）协议书格式与合同条件

这一时期，因为政府工程采购活动频繁，因此大多数地方和部门都制定了标准适合自己采购需要的标准合同格式。但是，上文已经提到，他们未将协议书格式和合同条件明确分开，更没有将合同条件分成一般和具体合同条件，而是将这三者合在一起，表30就是与前文表26中各地、各部门招标规则相对应的合同格式。可以看到，这些合同条件使用了多种名称指代，如"工程合同"、"承揽定式"、"包工规则"、"合同格式"和"合同规范"等。也就是说，当时还没有将现在使用的"合同"、"合同条件"和"合同文件"三个不同的概念区别开来。

至于上述合同条件的具体内容及其与现在使用的合同条件和合同协议书的比较，因本文篇幅所限，需另文研究。

（三）评标与授标

前文表26中列出的各个规则，大多数都有评标与授标原则的条文，但并非都根据"最廉价得标"原则选定中标人，表31是这些原则的比较。

（四）投标竞争

"但是法令规定，必须以最低价承包。……在卅六（1947）年全国工程学会举行年会时，……认为最低价不一定是硬性的得标，必须经工程师详细审后，方能决定。可是这种解说，直到现在还没有得到政府的采纳和公布。"[15]

招标与投标文件的组成及其比较

表 28

	招标文件	投标文件	投标规则名称
建筑工程	投标章程、设计图样、施工细则、标单（单位价目表）、合同格式	标单（单位价目表）、保证金	《南京市工务局通用工程投标章程》[203]
	投标暂行规则、图样、说明书、工料品质、标单	标单、押标金	《济南市工务局招商投标暂行规则》[201]
	招标规程、工程图说、施工细则、标单	标单、押标金	《长沙市政筹备处招标规程》[197]
	投标规则、图样、说明书、标单、合同草案	标单、房屋基础设计图、投标保证金	《军政部营缮工程投标规则》[198]
	投标细则、标单、设计图样、说明书、合同规范	标单、投标保证金	《交通部附属机关建筑工程投标细则》[206]
土木工程	投标章程、工程图样、做品章程并其他章程、标单、工程承揽定式	标单、保证金	《安徽省政府建设厅工程投标章程》[199]
市政工程	投标章程、图样、施工细则（土方、管沟、混凝土、道桥等）、标单、标书、合同格式	标单、标书、保证金	《南京特别市工务局建筑科投标章程》[195]
	投标章程、图样、说明书	工料清单（标单）、保证金	《南京特别市工务局建筑投标章程》[196]
建筑工程或土木工程	投标简章、工程图样、说明书、标单、包工规则与揽单式样	标单、保证金	《安徽省建设厅工程投标简章》[205]
	招标规则、图样、工料规范、标单、投标须知、合同式样、揽单式样	标单、押标金	《北平市政府各局处所办理工程及招标规则》[208]
建筑或土木工程或装具采购	投标规则、图样、说明书、标单格式、合同条件、承诺书格式和申请书格式	标单、承诺书与保证金	《参谋本部投标规则》[204]

"最低价不一定是硬性的得标"听起来固然有道理，但也为投标人行贿、起造机关和建筑师营私舞弊创造了机会。

营造厂为了承接业务，常拉关系讨好有决定业务权的人。如，上海新仁记营造厂通过公和洋行建筑师威尔逊承接几幢银行大厦的施工业务。

对于帮助中标的人，营造厂会从工程总价中拿出一定百分比酬谢。

营造厂商投标前就标价密谋，确定抢标者，其他陪衬；然后轮流。

有的工程表面上是公开招标，但实际上某家营造厂已与业主事先暗中商定，其他投标人不知就里。如，1936年南京金城银行开标，引起轩然大波。申泰营造厂在几家投标营造厂中属报价偏高者，但是得标者就是他。为此引起同行不满，要求银行作出说明。后来银行请建筑师出面解释后，才将这场风波平息下去。[30]

七、工程监督检查

（一）概述

这一时期，尚无1998年设立的建设监理制，

合同文件的组成及其比较 表29

	合同文件	投标规则名称
建筑工程	设计图样、施工细则、（已报价）单位价目表、合同、工程保证金	《南京市工务局通用工程投标章程》[203]
	图样、说明书、工料品质、（已报价）标单、工程保证金、合同	《济南市工务局招商投标暂行规则》[201]
	工程图说、施工细则、（已报价）标单、未明确要求工程保证金	《长沙市政筹备处招标规程》[197]
	图样、说明书、（已报价）标单、合同、房屋基础设计图、合同保证金	《军政部营缮工程投标规则》[198]
	设计图样、说明书、（已报价）标单、合同规范、工程保证金	《交通部附属机关建筑工程投标细则》[206]
土木工程	工程图样、做品章程并其他章程、（已报价）标单、工程承揽定式、要求铺保在工程承揽定式上签字	《安徽省政府建设厅工程投标章程》[199]
市政工程	图样、施工细则、（已报价）标单、标书、工程合同、工程保证金	《南京特别市工务局建筑科投标章程》[195]
	图样、说明书、（已报价）工料清单、要求铺保在合同上签字	《南京特别市工务局建筑投标章程》[196]
建筑工程或土木工程	工程图样、说明书、（已报价）标单、包工规则与揽单式样、保证金或铺保在合同上签字	《安徽省建设厅工程投标简章》[205]
	图样、工料规范、（已报价）标单、合同、揽单、铺保在合同上签字和保证金	《北平市政府各局处所办理工程及招标规则》[208]
建筑或土木工程或装具采购	图样、说明书、（已报价）标单、合同、承诺书与合同保证金	《参谋本部投标规则》[204]

基本上没有仅以监督建造活动为业的独立商号或团体。但是，各级政府并没有放弃对建造活动的监督，而是颁布各种规则，建立机构，赋予权限，确保各地的建造活动不危害公共

各地工程承揽协议书格式与合同条件 表30

	合同格式名称	公布日期
1	南京特别市工务局建筑科工程合同[213]	1927 年
2	安徽建设厅工程承揽定式[214]	1929 年
3	安徽省建设厅包工规则[215]	1931 年
4	南京市工务局工程合同[216]	1930 年 11 月 26 日
5	参谋本部工程合同[217]	1931 年 5 月 28 日
6	杨锡镠建筑师事务所向中国建筑师学会推荐的合同格式[218]	1933 年
7	军政部营缮工程合同格式[219]	1933 年
8	合同规范[220]	不详
9	修正南京市工程合同格式[221]	1935 年 6 月 26 日
10	合同及揽单式样[222]	1935 年 8 月 22 日
11	西安市政工程处兴筑各工程合同格式[223]	1936 年 12 月公布

授标原则举例 表31

规则名称	原则
京都市政公所招标承揽工料章程[194]	最低价得标，如最高标价超过公所原估价百分之十以上者得重行招标或改由公所自行修做
南京特别市工务局建筑科投标章程[195]	不以最低价为限，由工务局判定是否合格，当所有投标人均不合格时重新招标
南京特别市工务局建筑投标章程[196]	无规定
长沙市政筹备处招标规程[197]	无规定
安徽省政府建设厅工程投标章程[199]	由建设厅审查确定
济南市工务局招商投标暂行规则[201]	最低价得标，有多家得标时，抽签确定；当工务局认为都不合格时，另行招标
铁道部直辖工程局建筑铁路招标包工通则[202]	最低价得标
南京市工务局通用工程投标章程[203]	不以最低价为限，由工务局判定是否合格，当所有投标人均不合格时重新招标
参谋本部投标规则[204]	以适当且未超过预定价者为得标，当有数个得标人时抽签决定
安徽省建设厅工程投标简章[205]	最低价得标，有多家得标时，抽签确定；当最低或次最低价超过建设厅预算时，皆不中标
修正南京市工务局工程投标规则[207]	不以最低价为限，由工务局根据信誉、经验和类似工程经验判定，当所有投标人均不合格时重新招标
北平市政府各局处所办理工程及招标规则[208]	最低廉价得标，若只有一家或均不合格时，重新招标
军政部营缮工程投标规则[198]	不以最低价为限，与预定价不符时重新招标

注：表中各章程规则来源请见前文表26。

安全，不妨碍公众的便利，符合国民经济建设、区域或都市规划和政府的各种其他要求。

1、地方政府建筑规则

各地，各部门政府颁布了类似于清朝工律营造部分[大清律例卷三十八工律营造]的建筑规则，防止出现与"擅造作、侵占街道、虚费工力采取不堪用、造作不如法、冒破物料，以及造作过限"等情况。表32就是这些建筑规则的例子。

各地建筑规则举例 表32

	规则名称	公布日期
1	哈尔滨特别市建筑规则[224]	
2	北平特别市建筑规则[225]	1929 年 11 月 30 日
3	宁波市建筑规则[226]	1930 年 7 月 10 日
4	安徽省会及芜湖暂行建筑规则[227]	
5	南京市工务局建筑规则[228]	1933 年 2 月 9 日
6	广州市建筑规则[229]	1935 年 10 月 28 日
7	南昌市政委员会取缔建筑规则[230]	1936 年 1 月 24 日
8	修正天津市建筑规则[231]	1936 年 11 月 10 日
9	杭州市取缔建筑规则[232]	1936 年 12 月
10	昆明市建筑规则[233]	1941 年 12 月 15 日修订

上表所列各地建筑规则，繁简悬殊，篇幅最少者当属《北平特别市建筑规则》和《修正天津市建筑规则》，最长者，则《昆明市建筑规则》当之无愧。其目的和原则也相去不远，具体可见下面《建筑法》[149]内容的介绍。

各市工务局或其他部门（如铁道部）对各类公私建筑负有检查监督之责，确保工程遵守当地建筑（取缔）规则。例如，北平市政府1930年3月20日批准公布的《北平市工务局查工规则》[234] 有如以下条文：

"第一条 本规则依北平市建筑规则第二十七条规定之；

第二条 查工员查工时应携带查工证呈报建筑人或承揽厂商请求阅览时应即交阅……

第六条 查工员查见建筑人有左列情事之一应遵章饬令改正但情事重大者得令暂行停工呈报本局或工区核办：

一、侵占工地或超过房基线者；

二、妨碍交通或公安者；

三、工作材料与核准图说不符者。

第七条 建筑开工后查工员对于工地左列事项应注意检查如查见设置欠缺情事得饬令改正：

一、工地须有防止危害行人邻户之围障标牌标灯或其他唤人注意之设备；

二、工地所搭敞棚架木围障及临时占用公路等事须遵照建筑规则第三十条规定办理；

三、工地之厨房坑厕须无碍卫生；

四、铁筋生铁梁柱或建筑物内部支沟管须坚实耐久与建筑限制暨设计准则规程相符。

第八条 新建之公共场所完工后查工员应临场复勘并饬令呈报建筑人或承揽厂商出具甘结取具铺保证明建筑坚实。

具保结以前非得本局或工区许可不得居住或使用。

第九条 钢筋或钢铁构造之各部分查工员应于完工后临场复勘认为有试验载重力或更正之必要者并应呈报本局或工区核准饬知呈报建筑人或承揽厂商遵办。

第十条 工地所设敞棚架木围障及剩料垃圾泥土等物呈报建筑人或承揽厂商于完工后未经拆除清理者查工员得督饬清除之。

第十一条 建筑工程之查勘及纠正督饬事项应有查工员随时报告并于完工后列表汇报本局或工区备案其呈报建筑人或承揽厂商依第九条规定具有甘结者须一并呈送。"

2、建筑法

1938 年 12 月 26 日，国民政府公布《中华民国建筑法》。该法分"总则"、"建筑许可"、"建筑界限"、"建筑管理"和"附则"五章，共 47 条。1944 年 9 月 21 日再次公布时成了 50 条。其要点如下：

该法适用于市、已辟商埠、省会、十万以上人口区域，以及经国民政府定为施行该法之其他区域。不在前项区域外之公有建筑但造价逾三千元者，亦适用该法。

主管建筑机关，在中央为内政部，在省为建设厅，在市为工务局，未设工务局者为市政府，在县为县政府。

建筑物的设计者必须是依法登记的建筑科或土木工程科工业技师或技副，但造价在三千元以下之建筑物，不在此限。工业技副只能设计造价三万元以下之建筑物。

建筑物承造人以依法登记之营造厂商为限。

中央或省或直属行政院之市造价逾三万元之公有建筑，应由起造机关拟具建筑计划、工程图及说明书，连同造价预算，送内政部审核。县市以下公有建筑，由建设厅审核，但应报内政部备案。

中央或省或直隶于行政院之市造价三万元以下之公有建筑，由该起造机关直接上级机关核定，如起造机关为中央各部会以上之机关或省政府或直属行政院之市政府，由各该机关自行决定，但均应将建筑计划、工程图样及说明书连同造价预算，送内政部备案。

公有建筑经核定或决定后，应由起造机关将建筑计划、工程图样及说明书，并声叙核定或决定向市县主管机关请发建筑执照。

私有建筑，应由起造人备具建筑声请书，连同建筑计划、工程图样及说明书，呈由市县主管机关核定之。

建筑声请书，应载明有关起造人、设计建筑师、承造人、工期和建筑物使用性质的资料。

主管机关核定建筑计划后，应于五日内发给建造执照，改造执照或拆卸执照。

私有建筑未经申请核定并领得建筑执照以前，擅自兴工者，主管机关对于起造人及承造人，得处以建筑物造价百分之一以下罚锾，或于必要时将该建筑物拆除之。

公有建筑有前项情事时，得由市县主管机关勒令承造人停工并通知起造机关补行申请核定程序，或报请核定机关令其拆除。

市县主管机关，得指定已经公布道路之境界线为建筑线，或在已经公布道路之境界线以内另定建筑线。

建筑物不得突出于建筑线之外，但建筑线在道路境界线以内，经市县主管机关许可其部分突出者，不在此限。

各区域沿河地带，得由市县主管机关订定拓宽河道或增辟沿河路线办法，凡临河建造或改造建筑物者，应依其办法退让。各区域沿湖地带，得准用前条之规定。

建筑工程，经市县主管机关核定发给建筑执照后，应由承造人将兴工日期呈报市县主管建筑机关备案。市县主管机关于必要时，得规定核定之建筑工程的工期。

建筑物危害公共安全、有碍公共交通和卫生、与核定计划不符或违反该法其他规定或基于该法所颁行之命令时，市县主管机关得令其修改或停止使用，必要时得令其拆除。

工程现场，应有维护公共安全及预防火险之设备。

建筑工程完竣，应由承造人呈报市县主管机关派员查勘，认可后，发给使用执照。

建筑物造价在五千元以上者，应由承造人出具证明书，证明工程各部分系依核定之工程图样及说明书施工。

市县主管机关对于公众工作、营业、居住、游览、娱乐及其他供公众使用之建筑物，得随时派员查勘其结构及设备。

建筑物变更原定使用性质，供公众使用时，应呈报市县主管机关查勘检验其有关公共安全与卫生之结构及设备。

市县主管机关，得划定防火区，对于防火区内之建筑物，得规定其全部或一部应用防火材料构造，对于建筑物有关防空之构造及设备，得为必要之规定。

建筑物之各种材料，于可能范围内，应尽量用本国产物。

倾颓或朽坏之建筑物，有危害公共安全之虞者，得由市县主管机关通知业主限期拆除，如逾期未拆，得强制拆除之。

倾颓或朽坏之名胜古迹纪念物或其有艺术性质者，应由地方政府设法保存之。[149]

从上述内容可以看出，该法以起造机关或起造人为对象，而非营造厂。对于营造厂，另有前文第4节介绍的《管理营造业规则》[6]。这种做法和1997年颁布又于2011年4月22日修订的《中华人民共和国建筑法》不同。后者以所有参加建造者为对象，无论是实施，还是修订都不如前者方便。

（二）对政府工程的监督

北京市1917年12月公布的《京都市政公所暂行编制》（北京当时称"京都"）第二章规定：第四处掌理：一、关于各项工程之勘查估销事项；二、关于自办工程之指挥实施及包工之监督事项。[235]

对于自营和外包工程，工务局分别派出查工员和监工员检查、监督。对于这些人员的工作，各市、各部门都制订了相应的规则，提出具体的要求（表33）。

南京特别市工务局的《监工员服务规则》有如下内容：

"一、监工员以初通文字，具有算术及工程常识，能了解各种工程图样及施工方法，及能勤苦耐劳者为合格。

二、……凡在规定时间必须常驻工场指挥工作，不得私往别处。

	规则名称	公布日期
	各地建筑规则举例	**表33**
1	监工员服务规则[236]	1927年
2	查工员服务细则[237]	1927年
3	军政部营缮工程监督规则[238]	1929年3月30日
4	军政部军需署监工人员管理规则[239]	1931年1月
5	钱塘江塘岸工程处临时监工处规则[240]	1931年9月
6	南京市工务局监工人员奖惩规则[241]	1932年6月9日
7	淮南煤矿局监工人员任用暂行规则[242]	1934年3月16日
8	江苏省导淮入海工程处监工须知[243]	
9	军政部直营工程监工规则[244]	1935年2月
10	山西省建设厅监工员服务规则[245]	1936年6月25日

三、凡在工作紧张时，监工员虽在星期日及休假日亦须到施工场所服务。

四、监工员每当被派指导工程务先将图样及施工细则详细研究自信确实了解乃可携同图样细则到场监察工作进行。如有发现工作与图则不符之处，务须纠正，如不服从，可据实报告建筑科该管工程师核办。

五、监工员对于发给之图样细则不明了时，务须面请建筑科技士技术员或工程员解释，以便执行工作。

……

八、凡监工员在外不得与包工人酬酢，尤不得有收受包工人贿赂，故意放任情事，倘有故犯，一经发觉，当由科长据实呈报局长，依法办理，分别惩戒。"[236]

对于违反上述第八项或其他类似建筑法令的官员，各地政府是给予制裁的，下面就是一个例子。

1932年，松江和上海两县合建汇桥，8月4日开工，次年3月20日完工，自开工日至次年2月14日，由松江县建设局派员监工。从2月15日起，上海县建设局长孙绳曾派监工员（工务员）秦峻德前往接替。竣工时，上海县建设局监工主任（技术主任）施景元与省建设厅委员张廷柟前往验收，发现桥面下垂，质量恶劣。另外，上海县政府新建和县党部房屋1932年6月11日开工，同年12月25日完工。施工期间，施景元奉孙绳增之命派员到现场查看，遇到工人或监工员看不懂图纸时，就奉县长或局长之命前往指示，每周一二次，每次在现场一二小时。开始时由县政府聘请陆傅侯任监工主任。施景元看到县政府新建房屋内满墙黄色水渍。省政府派人查看，结论是砌墙时掺用黄泥。翻阅施工细则，虽未有砌墙灰浆质料之明文规定，但监工日报中只有石灰黑砂等材料，绝无黄泥一项。县党部房屋，每逢下雨，就渗漏不堪。承包合同第14条第2项中有"（保证）三年内，毫无走动漏水倾圮等事发生，……如二年内查有上项情事，确系人工粗陋，物料窳劣所致者，应由承包人完全负责"条文。但竣工不到一年，就出现上述情况。虽未查出上述人员确有先后指使承包人偷工减料确凿证据，但在孙绳增任职期间，所有桥梁房屋；在施景元任职期间上述房屋，陆傅侯任职期间县政府新建房屋，秦峻德任职期间汇桥工程，出现上述严重问题，难辞失职之咎。按《公务员惩治法》第2条第2款、第3条第1项第2款，以及第4条第1和第2项，将孙绳增、施景元、陆傅侯和秦峻德免职，停止任用一年。[246]

对于自营工程，南京市工务局不但为建筑科下属各工（程）队订制了《建筑科工队管理规则》[247]，还制订了《查工员服务细则》。查工员根据建筑科科长和营造股主任的指示，调查工队的工作。查工员每天下午下班前到营造股问明第二天派工地点和工队编号，以便第二天直接前往查点人数是否与所派相符。若发现不符之处，须查明原因，一一记载在报工单中，并当天送往实施股，以便考核。若发现缺席工人超过半数，则须向该工地监工员询明原委，并记录之。[237]

（未完待续）

参考文献：

[211]《南京特别市市政公报》1928 年第 17 期公牍汇
要布告批示第 19 页南京特别市工务局招商投标
建筑通告第十一号

[212]《安徽建设公报》1931 年第 14 期法规本省法规
第 19-20 页招标布告式样

[213]《南京特别市工务局年刊》1927 年工作概况第
1465-148 页《南京特别市工务局建筑科工程合同》

[214]《安徽建设》1929 年第 7 期法规第 6-9 页安徽
建设厅工程承揽式

[215]《安徽建设公报》1931 年第 14 期法规本省法规
第 12-15 页安徽省建设厅包工规则

[216]《首都市政公报》1930 年 73 期例规第 2-4 页南
京市工务局工程合同

[217]《中华民国法律汇编》1933 年第六编军事第
688-692 页参谋本部工程合同

[218]《中国建筑》1933 年第 1 期第 34-36 页建筑文件

[219]《中华民国法规汇编二十三年辑》，立法院编，
上海：中华书局，1934 年军政部营缮工程合同式格

[220]《交通部电政法令汇编》1933 年第 2 期第三类
人事第 114-118 页合同规范

[221]《南京市政府公报》1935 年 154 期法规第 47-49
页修正南京市工程合同格式

[222]《北平市政府公报》1935 年第 318 期命令第 19
-24 页合同及揽单式样

[223]《西安市工季刊》1936 年第 1 期附录第 1-3 页
西安市政工程处兴筑各工程合同格式

[224]《哈尔滨特别市市政报告书》1927 年第五章第
84-99 页《哈尔滨特别市建筑规则》

[225]《北平特别市市政公报》1930 年第 27 期市府法
规第 9-18 页《北平特别市建筑规则》

[226]《宁波市政月刊》1930 年第 5-6 期本市规程第
20-35 页《宁波市建筑规则》，同期布告第 81 页

[227]《安徽教育行政周刊》1932 年第 3 期《安徽省
会及芜湖暂行建筑规则》

[228]《南京市政府公报》1933 年第 125 期法规第 27
-62 页《南京市工务局建筑规则》

[229]《广州市政府市政公报》1935 年第 516 期本市
法规第 6-34 页，第 517 期本市法规第 11-33 页《广
州市建筑规则》

[230]《江西省政府公报》1936 年第 421 期法规第 1-11

页，第 422 期法规第 1-10 页《南昌市政委员会
取缔建筑规则》

[231]《教育公报》1936 年第 7 期法规第 6-8 页《修
正天津市建筑规则》

[232]《杭州市市政月刊》1937 年第 1 期法规第 43-78
页《杭州市取缔建筑规则》

[233]《云南省政府公报》1941 年第 97 期本省法规第
2-9 页，续第 98 期本省法规第 2-10 页，续第 99
期本省法规第 3-9 页，续第 100 期本省法规第 2-6
页《昆明市建筑规则》

[234]《北平市工务局查工规则》中华民国十九年三
月二十日府令核准《北平市市政法规汇编》北
平市政府参事室编，北平市社会局救济院印刷
组印民国 23 年 12 月

[235]《京都市政公所暂行编制六年十二月二十八日
呈准》京都市政汇览京都市政公所编 1919 年 12 月

[236]《南京特别市工务局年刊》1927 年章则第 279
页《监工员服务规则》

[237]《南京特别市工务局年刊》1927 年章则第 279-
280 页《查工员服务细则》

[238]《中华民国法规汇编》1933 年第六编军事第
583-584 页《军政部营缮工程监督规则》

[239]《军政公报》1931 年第 90 期命令第 105-107 页《军
政部军需署监工人员管理规则》

[240]《浙江建设月刊》1931 年第 3 期参考资料第 4
页《钱塘江塘岸工程处临时监工处规则》

[241]《南京市政府公报》1932 年第 109 期法规第 21
-22 页《南京市工务局监工人员奖惩规则》

[242]《建设委员会公报》1934 年第 39 期法规第 138-
139 页《淮南煤矿局监工人员任用暂行规则》

[243]《江苏建设月刊》1935 年第 1 期法规第 10-11
页《江苏省导淮入海工程处监工须知》

[244]《军政公报》1935 年第 197 期法规第 48-49 页《军
政部直营工程监工规则》

[245]《山西公报》1936 年第 50 期本省法规第 35-36
页《山西省建设厅监工员服务规则》

[246]《监察院公报》1937 年第 122 期监察 24-25
页江苏省地方公务员惩戒委员会议决书苏字
第七号，二十六年二月三日

[247]《南京特别市工务局年刊》1927 年章则第 280-
281 页建筑科工队管理规则